15주 평면 패턴 메이킹 기초

양경희

건국대학교 의상학과와 파리 에스모드를 졸업했다. 파리 7대학에서 석사, 건국대학교 대학원 의복 디자인·구성 전공 박사과정을 수료했다. 삼성물산 에스에스패션 디자이너, (주)아가방 디자인 실장, 에스모드 서울 전임을 지냈으며, 의류 상품기획과 디자인 개발 프로모션사인 에코모다 대표, 건국대학교 의상텍스타일학부 겸임교수와 홍익대학교 산업미술대학원 의상디자인 전공 겸임교수를 역임했다. 현재 홍익대학교 패션대학원 교수로 재직 중이다.

지은 책으로《드레이핑 이해와 응용》이 있으며,《드레이핑 입문―기본 스커트편》《드레이핑 입문―기본 상의편》《드레이핑 입문―상의응용편》 등을 전자책으로 펴냈다. 옮긴 책으로《패션 섬유 조형 예술》이 있다.

블로그 http://blog.daum.net/4ever29   **이메일** yangssam8@gmail.com

15주 평면 패턴 메이킹 기초

초판 1쇄 인쇄일 2020년 9월 1일   **초판 1쇄 발행일** 2020년 9월 10일

지은이 양경희
펴낸이 박재환 | **편집** 유은재 | **관리** 조영란
펴낸곳 에코모다 | **주소** 서울시 마포구 동교로15길 34 3층(04003) | **전화** 702-2530 | **팩스** 702-2532
이메일 ecolivres@hanmail.net | **블로그** http://blog.naver.com/ecolivres
출판등록 2001년 5월 7일 제201-10-2147호
종이 세종페이퍼 | **인쇄·제본** 상지사 P&B

ⓒ양경희
ISBN **978-89-6263-212-5** 13590

15주 평면 패턴 메이킹 기초

양경희 지음

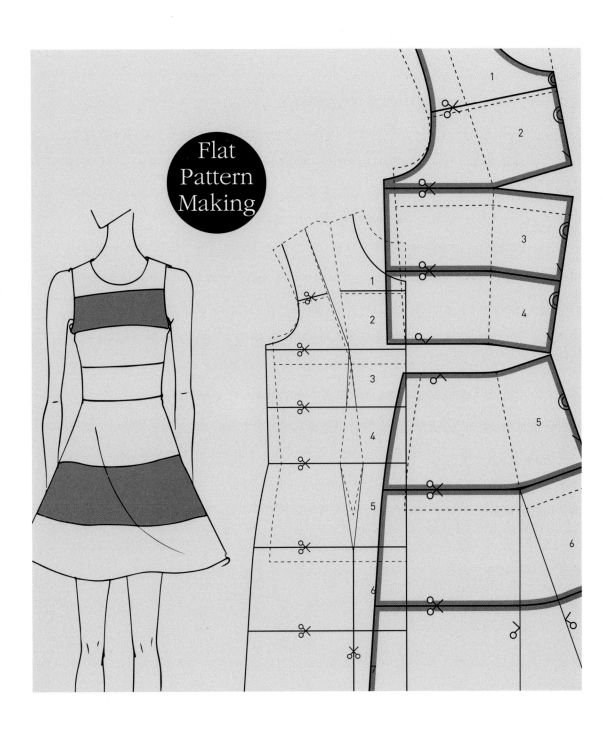

Flat
Pattern
Making

에코모다

머리말

요즘은 의상디자인 전공자가 아니더라도 자기만의 독특한 옷을 만들어 입고 싶어 하는 사람이 많다. 그러나 옷을 만드는 과정은 그리 간단하지 않다. 그중에서도 옷을 만들기 위해 필요한 패턴, 특히 평면 패턴 제작은 전공자들조차 힘들어한다. 패턴을 배우고 싶은 마음에 책을 구입해 따라 해보려 하지만 왜 그렇게 되는지 이유를 모른 채 복잡한 계산과 씨름하다 흥미를 잃고 포기하기 일쑤다. 인체에 대한 이해 없이 주어진 치수에 매달리기 때문이다.

정해진 치수에 따라 패턴을 제도하기 전에 왜 그런 치수가 필요한지 또 치수를 다르게 하면 어떻게 되는지를 이해하는 것이 우선이다. 그런 점에서 입체 패턴을 먼저 익히는 것이 평면 패턴을 좀더 쉽게 이해할 수 있는 비결이다. 오래전 인간이 동물의 가죽이나 천을 몸에 휘감은 다음 허리에 끈을 묶는 등의 행위가 입체 패턴 구성의 시초라고 할 수 있고, 그런 과정을 거치면서 나름대로 반복되는 현상들을 통계적으로 분석해 수치화한 것이 평면 패턴의 기초가 되지 않았을까 짐작해볼 수 있다. 따라서 입체 패턴 구성보다 발전한 것이 평면 패턴 구성이다.

처음 옷을 만드는 학생들에게 광목, 가위, 핀을 주고 마네킹에 타이트 스커트를 만들어 입혀보라고 하면, 대강의 모양을 만들어낸다. 입체감이 있는 마네킹의 형태에 따라 옷감의 남는 양이 저절로 접히기 때문에 다트나 주름 등으로 표현하면서 수월하게 스커트 모양을 만들어낼 수 있기 때문이다. 그런데 종이, 연필, 자로 평면 패턴을 제작해 타이트 스커트를 만들어보라고 하면 어찌할 바를 모른다. 즉 패턴에 대한 기본 지식 없이 평면 패턴으로 옷을 만드는 것은 쉽지 않다는 뜻이다. 그래서 먼저 필자의 책《드레이핑 이해와 응용》을 통해 인체의 굴곡으로 인해 패턴에서는 어떤 현상들이 일어나는지 살펴보는 것이 중요하다.

이 책《15주 평면 패턴 메이킹 기초》의 목적은 입체 패턴 메이킹을 통해 이해하게 된 기본 지식들을 평면 패턴에서 어떻게 활용해 작업할 수 있는지 알아보는 것이다. 기본적인 차이는 입체 패턴에서는 인체(마네킹)를, 평면 패턴에서는 인체 모양에 따라 제도한 기본 원형을 토대로 작업한다는 점이다. 평면 패턴은 기본 원형을 기준으로 디자인에 따라 볼륨을 가감하고 다트의 길이와 양을 조절하며, 필요한 경우 자르고 접거나 펼치는 등의 방법을 통해 패턴을 전개 완성해 나간다.

이 책은 평면 패턴을 처음 배우는 섬유 미술 패션 디자인과 학생들이 15주 동안 평면 패턴의 가장 기본적인 요소를 이해할 수 있도록 구성해놓았다. 평면 패턴 제작을 통해 패션 조형의 기본 원리에 대한 이해를 돕는 것이 목표이므로 가능하면 일방적으로 치수를 제시하지 않고 치수가 변함에 따라 디자인이 어떻게 달라질 수 있는지를 생각해보도록 했다. 기본 원리를 이해하게 되면 원하는 디자인에 따라 스스로 치수를 가감해 응용할 수 있는 능력이 생기기 때문이다. 사실 오늘날 패턴 메이킹은 인체를 스캔해 자동으로 패턴이 그려지고, 레이저로 그 패턴이 잘려 나오는 수준까지 발달했다. 또 패턴 메이킹과 관련한 좋은 책도 헤아릴 수 없이 많다. 그런데도 이런 기초적인 교재를 쓰게 된 이유는 평면 패턴을 처음 배우는 학생들이 패턴을 이해하고 흥미를 가질 수 있도록 아주 기본적인 원리에서 출발하는 쉬운 책을 만들고 싶었기 때문이다. 그래서 필자의 작은 목표는 이 책의 편집자가 책을 만들면서 패턴을 떠낼 수 있었으면 하는 것이다.

이 책의 구성 역시 이해하기 쉬운 스커트부터 시작해 난이도를 조금씩 높여 배열했으므로 가능하면 순서대로 따라할 것을 권한다. 앞뒤 판의 방법이 똑같은 경우 앞판만 작업해놓았다. 시간이 된다면 뒤판도 작업해보면 복습 효과를 볼 수 있을 것이다. 재단 패턴을 제작하는 방법은 기준이 되는 몇 가지 모델에서 예시를 보여주었으며, 다른 모델은 그것을 기준으로 응용하면 된다. 책에 나오는 패턴은 실제 치수와 일정한 축도율로 제시하고 싶었으나 책 크기에 맞추어 최대한 크게 실어 이해를 돕고자 했다. 스커트 길이의 경우 지면을 고려해 디자인보다 조금 짧게 패턴에 표현하기도 했다.

의상디자인을 전공하는 학생들을 위한 입문서이지만, 직접 옷을 만들어보고 싶은 비전공자가 이해할 수 있는 수준이 되도록 가장 기초적인 내용에 초점을 맞추려 노력했다. 그러나 가끔은 설명이 부족하거나 전공과 관련한 문구들을 사용해 어려운 부분도 있을 것이다. 이메일이나 블로그 등을 통해 알려준다면 기꺼이 수용해 더 알기 쉽고 좋은 책이 될 수 있으리라 기대한다.

마지막으로 모델의 일러스트를 담당해준 정연이 선생님과 컴퓨터 작업을 도맡아준 이종인 조교에게 감사드린다.

2020년 8월
양경희

차례

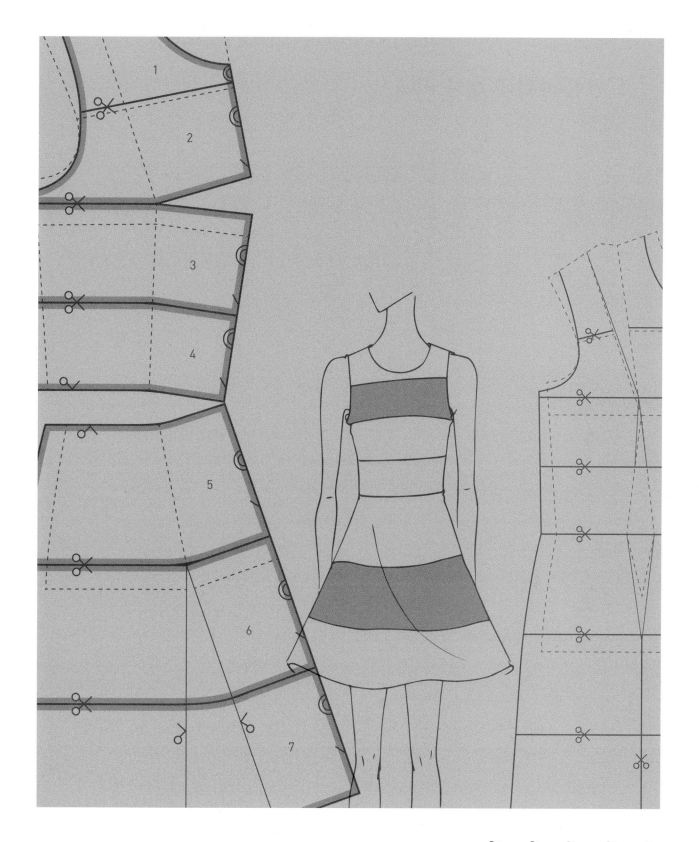

1주 오리엔테이션

이 책으로 15주 동안 수업을 진행하려면 지도하는 사람은 사전에 준비할 게 많다. 우선 첫 수업을 위해서는 원형을 베껴낼 때 사용하는 마분지·연필·가위 등이 필요한데, 강의 계획서에 미리 공지해 학생들이 준비물을 챙겨 수업에 참여할 수 있도록 해야 한다. 또 인체 치수에 따른 원형 제작에 시간이 오래 걸리므로 여러 벌의 원형을 준비해 학생들이 베껴서 사용할 수 있도록 한다. 한편 학생들은 나중에 책을 보면서 원형 제작법을 개별적으로 익히도록 한다.

1 평면 패턴에 대한 이해

1 패턴, 패턴 메이킹

패턴을 가장 간단히 설명하면, 옷을 만들 때 천을 자르기 위한 '옷본'이라고 할 수 있다. 따라서 패턴에는 옷감의 결 방향, 옷감을 연결하는 표시인 너치, 명칭, 몇 장을 재단해야 하는지 등 여러 가지 사항이 명확하게 표시되어 있어야 한다. 패턴 메이킹이란 그런 옷본을 만들기 위한 설계에서부터 완성까지 작업을 통틀어 일컫는 용어로, 입체 패턴 메이킹과 평면 패턴 메이킹으로 나눌 수 있다.

2 입체 패턴 메이킹과 평면 패턴 메이킹의 차이점

입체 패턴 메이킹이란 인체 혹은 인체를 대신하는 마네킹에 직접 옷감을 대고 원하는 디자인의 실루엣을 찾아내는 것이다. 패턴을 처음 접하는 사람들은 평면 패턴 메이킹보다 쉽게 인체의 구조와 패턴의 관계를 이해할 수 있다. 일반적으로 작업 과정에서 있을지도 모르는 실수를 감안해 사용할 원단 대신 비슷한 질감과 두께의 광목으로 작업한 후 시접과 기타 모든 필요 사항을 기록해 패턴을 제작한다. 보관이나 대량 생산을 위해 광목으로 완성한 패턴을 두꺼운 종이에 옮겨 사용하기도 한다.

입체 패턴 메이킹 작업에서는 인체의 굴곡으로 인해 패턴에서 어떤 현상이 일어나는지 쉽게 눈으로 볼 수 있다. 그래서 입체 패턴 메이킹을 먼저 익히고 평면 패턴 메이킹을 배우면 훨씬 수월하게 평면 패턴을 이해할 수 있다.

평면 패턴 메이킹은 치수에 따른 설계에 맞추어 평면인 종이 위에 옷본을 완성하는 것을 말한다. 패턴 메이킹에 관한 전문 지식이 쌓이면 원하는 디자인에 따라 치수를 정해 직접 제도할 수 있지만, 처음 평면 패턴을 접하는 경우에는 많은 어려움이 따른다. 그래도 비교적 쉽게 평면 패턴 메이킹에 접근하는 방법은 '기본 원형'을 사용하는 것이다. 인체나 마네킹의 치수로 제도법에 따라 기본 원형을 만들어두고 그것을 기준으로 디자인에 따라 여유량을 가감하고, 다트의 이동이나 변형을 통해 패턴을 완성해가는 것이다. 기본 원형에서 시작해 디자인에 따른 모든 제도를 완성한 것을 '구성 패턴'이라 하고, 옷감을 자르는 데 필요한 모든 패턴을 구성 패턴에서 각각 분리해 베껴내고 시접까지 포함해 완성한 것을 '재단 패턴'이라고 한다.

3 평면 패턴 메이킹으로 옷을 만드는 순서

1 구성 패턴 제도

1 **기본 원형**을 파란색 펜으로 베껴놓는다(여기서는 점선으로 표시했다).

연필로 제도하는 과정에서 기본 원형이 지워지지 않고, 제도선과 구분되도록 파란색을 사용하는 것이므로 다른 색을 사용해도 된다.

2 **디자인에 따라 기본 확장을 하여 외곽의 볼륨을 정한다**(pp. 42~49 참조).

3 **내부의 디자인선**을 구성한다.

- 패턴 메이킹의 기본 요소인 다트, 절개선, 플레어, 주름 나타내기 등을 이용해 패턴을 구성한다.
- 다트 이동, 패턴 절개, 확장 등 디자인에 따라 필요한 작업을 한다.
- 주머니나 다른 장식이 있는 경우 디자인에 따라 제도한다.

4 **칼라와 소매 구성**

칼라나 소매가 있는 경우, 디자인에 따라 확장 작업을 마친 목둘레와 암홀(Arm hole, 진동둘레) 치수에 맞추어 칼라와 소매의 구성 패턴을 제도한다.

2 가봉 및 패턴 수정

- 원단과 비슷한 두께의 광목을 선택해 구성 패턴을 옮겨 그린다.
- 시접을 주고 광목을 재단한다.
- 봉제 또는 핀으로 연결해 원하는 형태인지 살펴보고 필요한 경우 수정 작업을 거쳐 최종 패턴을 완성한다.

3 재단 패턴 제작

1 구성 패턴을 바탕으로 재단에 필요한 모든 패턴을 각각 분리해 베껴낸 다음 시접을 더해주고 재단용 패턴을 만든다. 필요한 경우 안감이나 심지의 재단 패턴도 제작한다.
2 대표적인 패턴에 전체 패턴 목록을 기록해둔다. 나머지 모든 재단 패턴 각각에 명칭, 치수, 재단 수량 등 재단 시 필요한 내용을 기록한다.
3 패턴을 가로지르는 식서선을 표시하고 사용할 원단의 특성에 따라 화살표로 방향을 제시해준다.
4 필요한 위치에 너치 표시를 한다. 필요한 경우 지퍼 끝 위치나 주름 방향 등도 표시한다.

일반적으로 좌우 대칭이라고 가정해 비대칭 디자인이 아닌 경우 대부분 오른쪽 패턴만 제작해 사용한다. 그러나 대량생산을 위해 여러 장의 원단을 쌓아놓고 재단하는 경우에는 곬선 없이 작업하므로 모든 패턴을 반쪽이 아닌 전체로 제작해 사용한다.

4 재단

- 원단의 앞뒤를 확인하고 평평하게 펼쳐놓는다. 디자인에 따라 곬선이 필요한 경우 접어서 준비한다.
- 원단의 식서 방향과 패턴에 표시된 식서 방향을 맞추어 패턴을 배치하고 고정한다.
  - *원단에 불규칙한 무늬가 있는 경우: 옷의 어떤 부분에 어떤 무늬가 놓이길 원하는지 고려해 패턴의 위치를 정한다.
  - *원단에 상하가 구분되는 무늬가 있는 경우: 무늬의 방향을 정하고 두 겹의 원단에 일정한 무늬가 나오도록 유의하면서 패턴을 고정한다.

* 원단에 체크나 스트라이프 무늬가 있는 경우: 앞뒤 판 패턴의 옆선에서 무늬가 서로 맞도록 위치를 정하고 패턴을 고정한다.
  * 원단에 결이 있는 경우: 패턴에 표시된 식서 방향의 화살표와 같은 방향이 되도록 맞추어 고정한다.
  * 원단이 너무 얇아 지탱이 안 되는 경우: 얇은 실크 종이 위에 원단을 겹쳐놓고 패턴과 한꺼번에 고정한다.
- 원단에 패턴을 고정할 때, 원단을 들어 올리지 말고 평평하게 둔 상태에서 핀을 꽂는다.
- 가위로 재단하기: 패턴이 가위의 오른쪽에 위치하는 상태로 재단한다. 즉 잘려나가는 원단은 움직일 수 있지만 패턴을 고정한 원단은 움직이지 않도록 한다.
- 가윗집 표시하는 법: 너치 표시한 곳을 가위 끝으로 약 3mm 잘라준다.
- 재단 후 원단에 필요한 위치 표시: 다트 끝이나 주머니 위치 등 필요한 경우 패턴에 맞추어 실표뜨기를 하거나 초크 또는 섬유용 마커로 표시한다.
- 필요한 경우 안감과 심지도 패턴에 맞추어 재단한다.

5 봉제

- 봉제 순서 쓰기: 봉제 기호를 이용해 봉제 순서를 작성한다.
- 심지 처리: 필요한 곳에 심지를 붙인다.
- 오버로크: 원단의 올이 풀리지 않도록 필요한 곳에 작업한다. 벨트 속으로 들어가는 허리선이나 칼라 속으로 들어가는 목둘레선 등은 오버로크를 하지 않는다. 또한 봉제 후에 홑솔로 한꺼번에 오버로크를 해야 하는 곳도 제외한다. 필요한 경우 봉제 중간에 오버로크를 한다.
- 봉제 순서에 따라 봉제한다.

모든 솔기선은 박은 다음 매번 다림질을 한다. 마지막에 한꺼번에 하면 제대로 다려지지 않은 부분이 생길 수 있다.

이 책에서는 구성 패턴 제도를 위주로 설명했으며 재단 패턴을 제작하는 방법은 기본이 되는 몇 가지 모델에서 예시를 보여주었다. 다른 모델은 그것을 기준으로 응용하면 되므로 생략했다.

2 인체 치수에 따른 기본 원형 제작

1 스커트 기본 원형

《드레이핑 이해와 응용》을 참조해 스커트 기본 원형을 입체 패턴으로 떠낸 다음 마분지나 캔트지
처럼 두꺼운 종이에 베껴 평면 패턴의 스커트 기본 원형으로 사용해도 된다.

제도에 필요한 치수

엉덩이둘레: 가장 굵은 엉덩이 전체 둘레 길이 **예** 92cm

스커트 길이: 앞 중심 허리선에서 스커트 밑단까지 수직 길이 **예** 50cm

엉덩이 길이: 뒤 중심 허리선에서 가장 돌출한 엉덩이까지 수직 길이 **예** 18~20cm

허리둘레: 가장 가는 허리선의 전체 둘레 길이 **예** 67cm

1단계 앞뒤 중심선, 허리선, 밑단선 ———————————————

- 직사각형 ABCD를 그린다.

  AB=1/2 엉덩이둘레+2cm(여유) 예 48cm

  BD=스커트 길이 예 50cm

  AB는 허리선, CD는 스커트 밑단선, AC는 뒤 중심선, BD는 앞 중심선

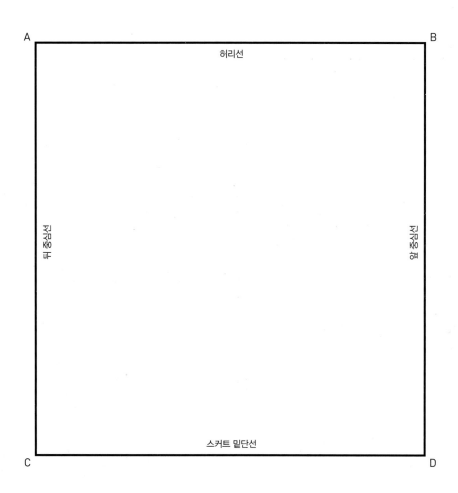

- 엉덩이선 EF: 허리선(AB)에서 엉덩이 길이(예 20cm)만큼 내려 수평선을 그린다.
- 옆선 GH: AB의 이등분점(예 24cm)에서 뒤판 쪽으로 1cm 이동해 수직선을 그린다.
  - * 옆선을 뒤로 이동하는 것은 정면에서 봤을 때 옆 절개선이 보이지 않게 하려는 의도다. 하지만 제작자에 따라 이등분선을 옆선으로 쓰기도 하고, 0.5cm만 이동하기도 한다.

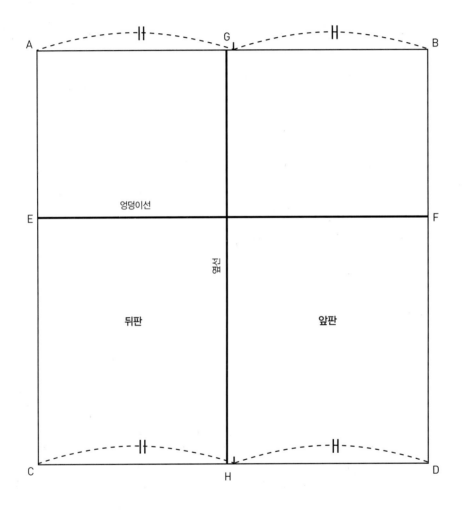

3단계 엉덩이 옆 곡선

뒤허리 AI＝1/4 허리둘레＋0.25cm(여유)＋4cm(다트)−1cm(옆선 이동) 예 20cm

앞허리 BJ＝1/4 허리둘레＋0.25cm(여유)＋4cm(다트)＋1cm(옆선 이동) 예 22cm

- I에서 엉덩이선까지 뒤판 엉덩이 옆 곡선을 그린다.

- J에서 엉덩이선까지 앞판 엉덩이 옆 곡선을 그린다.

- 엉덩이선 부근 4~5cm는 직선을 유지하면서 완만한 옆 곡선을 그린다.

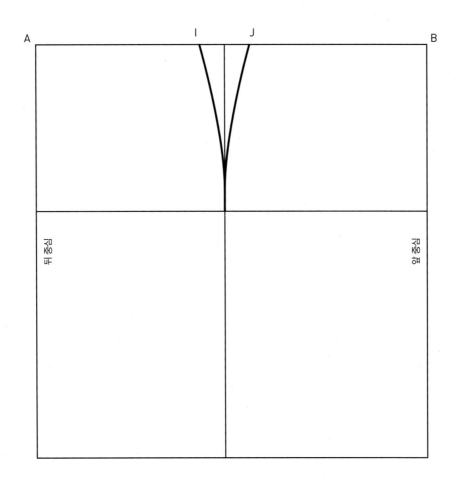

4단계 다트의 위치 정하기 ────────────────────────────

다트의 위치와 길이는 인체의 생김새로 정하는데 디자인에 따라 위치를 이동하거나 길이를 조절할 수 있다. 다음에 주어진 치수는 예이며, 패턴을 뜨는 사람의 감각에 달려 있다.

앞판 다트의 양이 4cm인 경우
- 첫 번째 다트는 앞 중심에서 8cm 떨어져서 수직으로 안내선을 그리고(점선) 안내선을 중심으로 폭 2cm(양쪽으로 각각 1cm씩), 길이 8~9cm로 한다.
- 두 번째 다트는 남은 허리의 이등분점(例 6.5cm)에서 수직으로 안내선을 그리고(점선) 안내선을 중심으로 폭 2cm(양쪽으로 각각 1cm씩), 길이 8~9cm로 한다.

뒤판 다트의 양이 4cm이고 뒤 중심에 절개선이 있는 경우
- 뒤 중심선에 폭 1cm, 길이는 엉덩이선까지 첫 번째 다트를 정한다.
- 두 번째 다트는 남은 허리의 이등분점(例 9.5cm)에서 수직으로 안내선을 그리고(점선) 폭 3cm(양쪽으로 각각 1.5cm씩), 길이 12~13cm로 한다.
- 뒤 중심에 절개선이 없는 경우에는 앞판처럼 작업하기도 한다.

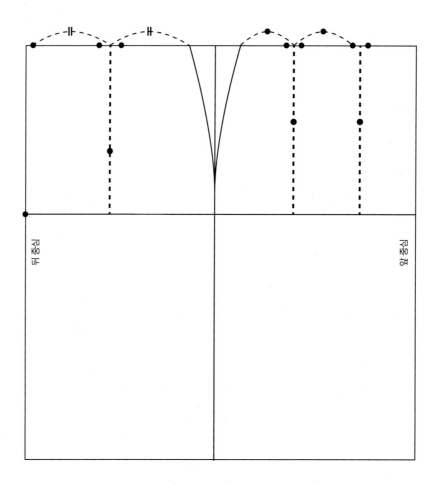

- 다트의 방향: 옆선과 나란한 것이 보기 좋으므로 다트의 끝점을 옆선 쪽으로 0.5~1cm 이동하기도 하는데, 이 또한 디자인에 따른다.

- 다트를 접고 허리선 부근의 앞뒤 판 옆 곡선을 붙인 다음 허리선이 하나의 자연스러운 곡선을 이루도록 연결해 완성선을 다시 그린다.

- 다트의 접힌 안쪽 선은 룰렛이나 먹지 등을 이용해 찾아 그려준다.

- 인체의 굴신 정도에 따라 앞뒤 중심선에서 허리선을 내려주기도 한다(예 앞 1cm 정도, 뒤 1.5cm 정도). 그러나 이 작업은 기본 원형에서는 하지 않고 실제 의복의 패턴을 구성할 때, 인체의 굴신 정도와 디자인에 따라 적절히 실행한다.

- 마분지나 켄트지처럼 두꺼운 종이에 앞뒤 판을 분리해 베껴낸다. 입체 패턴의 마네킹과 같은 역할을 하는 것으로, 기본 원형을 기준으로 다양한 패턴을 구성할 수 있다.

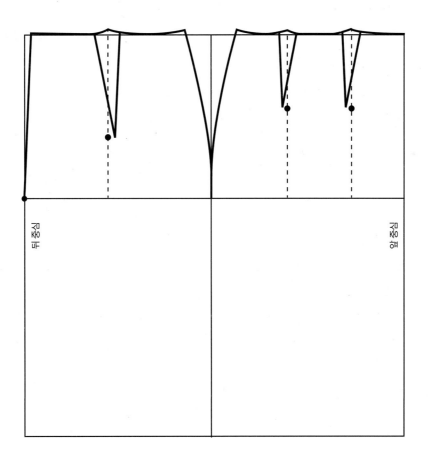

2 바지 기본 원형

제도에 필요한 치수

엉덩이둘레: 예 92cm

밑위길이: 예 26cm

엉덩이 길이: 예 20cm

무릎길이: 예 57cm

바지 길이: 예 98cm

허리둘레: 예 67cm

앞판 1단계 ────────────

- 직사각형 ABCD를 그린다.

  AB＝1/4 엉덩이둘레＋0.5cm(여유) 예 23.5cm

  AC＝밑위길이 예 26cm

- 엉덩이선 EF를 그린다.

  AE＝BF＝엉덩이 길이 예 20cm

- 바지 길이선 XY

  DD1＝1/24 엉덩이둘레 예 3.8cm

  CD1의 이등분점(예 13.7cm)을 통과하는 수직선

  으로 바지 길이선 XY를 그린다.

  XY＝바지 길이 예 98cm

  XZ＝무릎길이 예 57cm

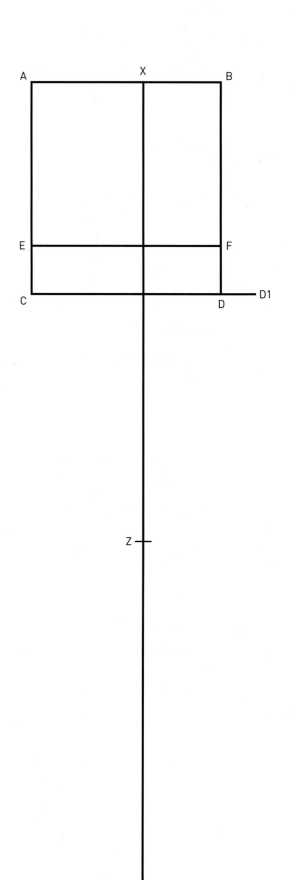

앞판 2단계

• 밑위둘레선 B1FD1

BB1＝1cm

B1과 F를 직선으로, FD1을 곡선으로 연결한다.

• 엉덩이 옆 곡선 A2E

B1에서 출발 A1을 찾는다. A1B1＝1/4 허리둘레＋0.25cm(여유)＋3cm(다트량) 예 20cm

E를 기준으로 4~5cm는 직선을 유지하면서 완만한 옆 곡선을 그린다. 이때 허리선과 만나는 점에서 직각이 되도록 A1에서 0.5cm 정도 위로 연장해 A2를 정한다.

• 허리선 A2B1

X를 기준으로 양쪽에 각각 1.5cm씩(총 3cm), 길이 약 10cm로 다트를 그린다.

다트를 접어서 닫은 후 옆 곡선 및 앞 중심선과 직각으로 만나는 하나의 자연스러운 곡선이 되도록 허리선을 보정해 다시 그린다. 접힌 다트 머리 부분은 룰렛 등을 이용해 안쪽 선을 찾아 그려준다.

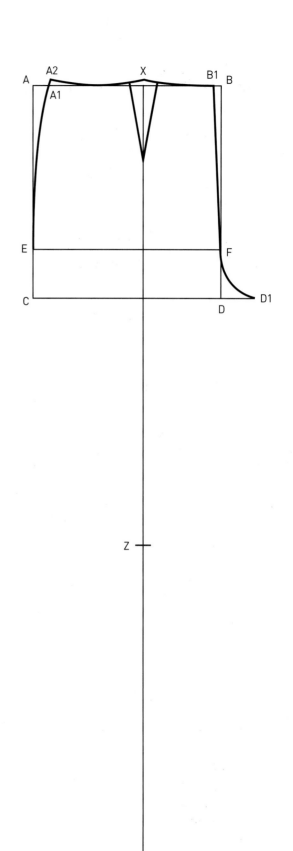

- 다리 안쪽선 D1Z1Y1

무릎선에서 디자인에 따라 원하는 바지의 무릎둘레를 정한다.

예 원하는 바지의 무릎둘레가 43cm일 때, 뒤판은 종아리를 감안해 앞판보다 3cm 정도 크게 할 것이므로 앞판으로 20cm, 뒤판으로 23cm를 사용한다.

즉 앞판에서 원하는 바지의 무릎둘레가 20cm이므로 그것의 1/2에 해당하는 ZZ1＝10cm가 된다.

ZZ1＝예 10cm

ZZ2＝예 10cm

밑단선에서 디자인에 따라 원하는 바지의 밑단둘레를 정한다.

예 원하는 바지의 밑단둘레가 35cm일 때, 뒤판은 종아리를 감안해 앞판보다 3cm 정도 크게 할 것이므로 앞판으로 16cm, 뒤판으로 19cm를 사용한다.

즉 앞판에서 원하는 바지의 밑단둘레가 16cm이므로 그것의 1/2에 해당하는 YY1＝8cm가 된다.

YY1＝예 8cm

YY2＝예 8cm

D1Z1을 직선으로 연결한 안내선(점선)의 1/2 지점에서 안쪽으로 약 0.5cm 들어간 곡선으로 그린다.

Z1Y1을 직선으로 연결한다.

- 다리 바깥쪽 옆선 EZ2Y2

EZ2를 연결한다. 엉덩이선 E에서 완만한 곡선으로 시작한 다음 Z2까지 직선으로 연결한다.

Z2Y2를 직선으로 연결한다.

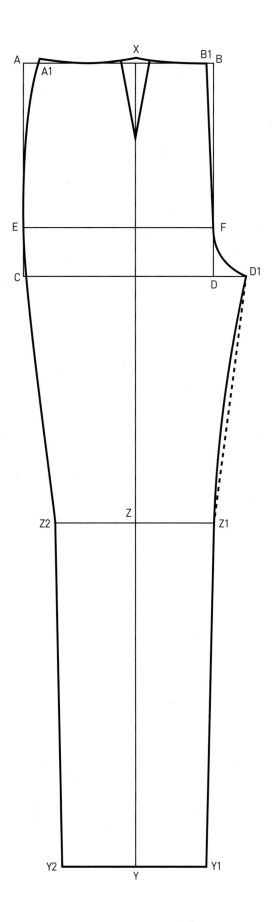

- 밑위둘레선 G1HD4

  안내선 그리기

  G는 XB의 이등분점(예 4.9cm)

  DD2=0.5cm

  G와 D2를 직선으로 연결한다. G에서 위로 1cm 연장해 G1을 정한다.

  G1D2와 엉덩이선 EF가 만나는 점을 H로 한다.

  D1D3=1/24 엉덩이둘레+2cm 예 5.8cm

  D3D4=1.5cm(D3에서 수직으로 내린 점 D4)

  G1H를 직선으로 연결하고 엉덩이 모양에 따라 HD4를 곡선으로 연결해 밑위둘레선을 완성한다.

- 뒤판 엉덩이선 HH1 찾기

  HH1=1/4 엉덩이둘레+1cm(여유) 예 24cm

- 엉덩이 옆 곡선 A4H1

  G에서 출발해 AB 연장선 위에 허리 치수를 찾는다.

  GA3=1/4 허리둘레+0.25cm(여유)+3cm(다트량) 예 20cm

  A3H1을 연결하는 완만한 옆 곡선을 그린다. 이때 허리선과 만나는 점에서 직각이 되도록 A3에서 0.5cm 정도 위로 연장해 A4를 정한다.

- 다트와 허리선 G1A4

  GA3 허리선의 이등분점(예 10cm)에서 양쪽으로 각각 1.5cm씩(총 3cm), 수직으로 길이 약 12cm의 다트를 그린다.

  다트를 접어서 닫은 후 하나의 자연스러운 곡선이 되도록 허리선을 보정해 다시 그린다. 접힌 다트 머리 부분은 룰렛 등을 이용해 안쪽 선을 찾아 그려준다.

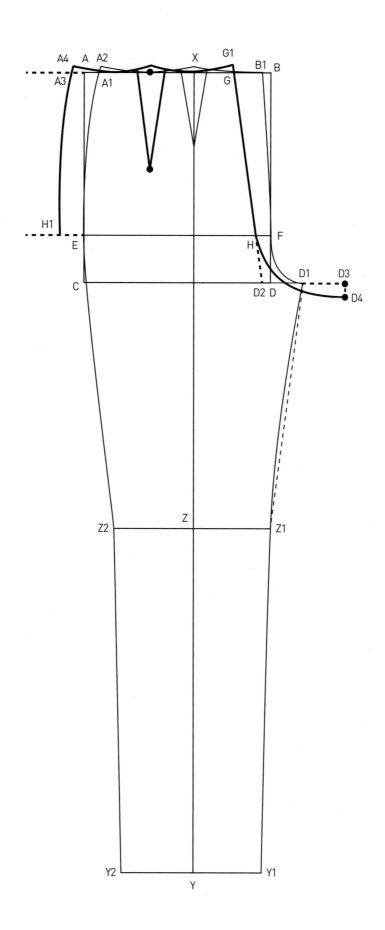

- 다리 안쪽선 D4Z3Y3

  디자인에 따라 무릎선과 바지 밑단선에서 원하는 바지둘레를 정한다.

  앞판보다 3cm 더 크게 하기로 했으므로 양쪽으로 각각 1.5cm씩 더 늘려준다.

  Z1Z3=1.5cm, Y1Y3=1.5cm

  D4Z3을 직선으로 연결한 안내선(점선)의 1/2 지점에서 안쪽으로 약 1cm 들어간 곡선으로 그린다.

  Z3Y3을 직선으로 연결한다.

- 다리 바깥쪽 옆선 H1Z4Y4

  Z4, Y4를 찾는다.

  Z2Z4=1.5cm, Y2Y4=1.5cm

  H1에서 완만한 곡선으로 출발해 H1Z4를 직선으로 연결한다.

  Z4Y4를 직선으로 연결한다.

가장 가는 허리선에 맞추어 제도한 것이므로 바지의 디자인에 따라 허리선의 위치를 조절해 작업한다.

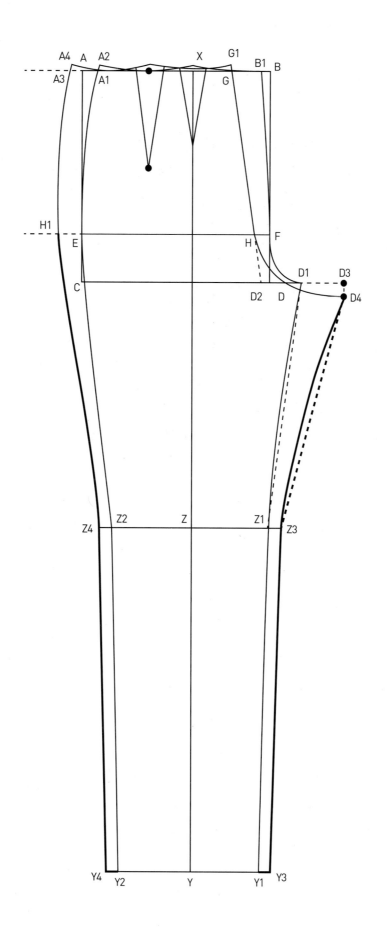

3 상의 기본 원형

제도에 필요한 치수

뒤 중심 길이: 뒤 중심선의 뒤 목 아래 점부터 가장 가는 허리선까지 길이 **예** 40cm

앞 중심 길이: 앞 중심선의 앞 목 아래 점부터 가장 가는 허리선까지 길이 **예** 35cm

가슴둘레: 수평으로 유두점을 지나는 전체 가슴둘레 길이 **예** 84cm

유장: 옆 목점에서 유두점까지 길이 **예** 26cm

유폭: 두 유두점 사이의 길이 **예** 18cm

목 아래 둘레: 목 아랫부분의 전체 목둘레 길이 **예** 36cm

어깨 길이: 옆 목점에서 어깨 끝점까지 길이 **예** 12.5cm

허리둘레: 가장 가는 허리선의 전체 둘레 길이 **예** 67cm

겨드랑이 밑 옆선 길이: 겨드랑이점에서 허리선까지 길이 **예** 19.5cm

뒤품 길이: 뒤판의 양쪽 품점 사이의 길이 **예** 35cm

앞품 길이: 앞판의 양쪽 품점 사이의 길이 **예** 33cm

1단계 허리선과 앞뒤 중심선 ━━━━━━━━━━━━━━━━━━━━━━

• 허리선 BD에서 각각 수직으로 앞뒤 중심선을 그린다.

　허리선 BD=1/2 가슴둘레+약 15cm(제도를 위해 필요한 작업 분량) 예 42+15=57cm

　뒤 중심선 AB=뒤 중심 길이 예 40cm

　앞 중심선 CD=앞 중심 길이 예 35cm

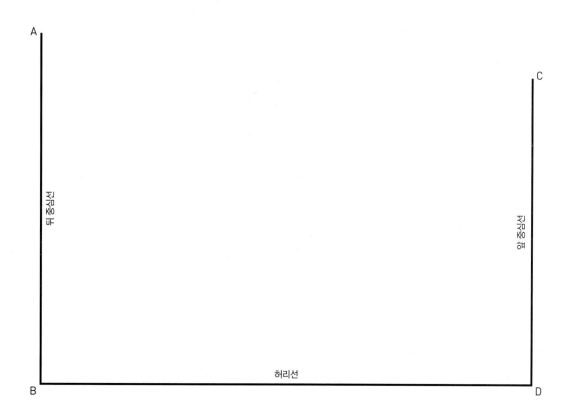

2단계 목 아래 둘레선

• 뒤 목 아래 둘레선 AA2

　AA1＝1/6 목 아래 둘레선＋1.2cm 예 7.2cm

　A1A2＝1/3 AA1 예 2.4cm

　A에서 뒤 중심선에 직각으로 출발해 A2에 이르는 곡선으로 뒤 목 아래 둘레선을 그린다.

• 앞 목 아래 둘레선 CC2

　CC1＝1/6 목 아래 둘레선＋0.5cm 예 6.5cm

　C1C2＝1/6 목 아래 둘레선＋1cm 예 7cm

　C에서 앞 중심선에 직각으로 출발해 C2에 이르는 곡선으로 앞 목 아래 둘레선을 그린다.

　뒤 목 아래 둘레선 AA2와 앞 목 아래 둘레선 CC2를 더한 치수가 인체 치수 1/2 목 아래 둘레 (예 18cm)보다 작아지지 않도록 한다. 필요한 경우 A2와 C2 점을 조절해 수정할 수 있다.

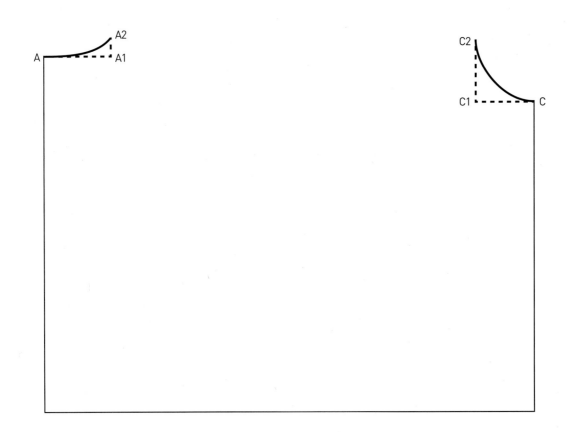

어깨가 솟거나 처진 정도에 따라 경사도는 달라진다. 필요한 경우, 가봉을 통해 자신에게 맞는 어깨 경사도를 찾아 패턴을 수정한다. 여기서는 평균적인 어깨 경사도 20도를 사용한다. 다만 몸을 앞으로 숙이거나 움직임에 따라 옷의 어깨선이 뒤로 넘어가는 현상을 보완해주기 위해 경사도 20도는 유지하되 뒤판 경사도는 18도, 앞판 경사도는 22도로 조절한다. 이 또한 패턴을 뜨는 사람의 감각에 따라 수치는 달라질 수 있다.

- 뒤 어깨선 A2A3

  A2에서 18도 각도로 어깨선을 그린다. (각도기 없이 그리기: A2에서 수평으로 10cm 나간 점에서 수직으로 3.2cm 내린 점을 찾아 그 점을 지나는 직선을 그린다.)

  A2A3=어깨 길이+1.5cm(다트량) 예 14cm

- 앞 어깨선 C2C3

  C2에서 22도 각도로 어깨선을 그린다. (각도기 없이 그리기: C2에서 수평으로 10cm 나간 점에서 수직으로 4cm 내린 점을 찾아 그 점을 지나는 직선을 그린다.)

  C2C3=어깨 길이+1/18 가슴둘레(다트량: 예 4.6cm) 예 17.1cm

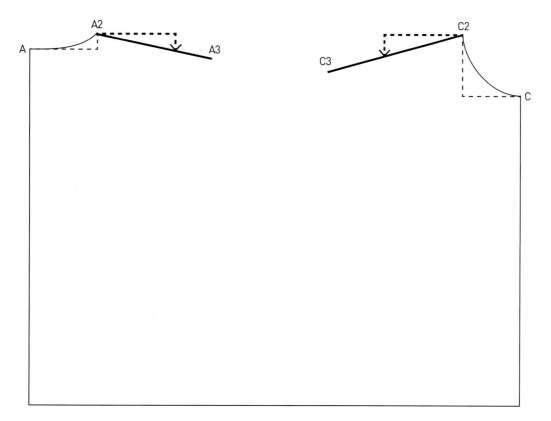

- 유두점(Bust Point, BP)을 찾는다.

  DP＝1/2 유폭 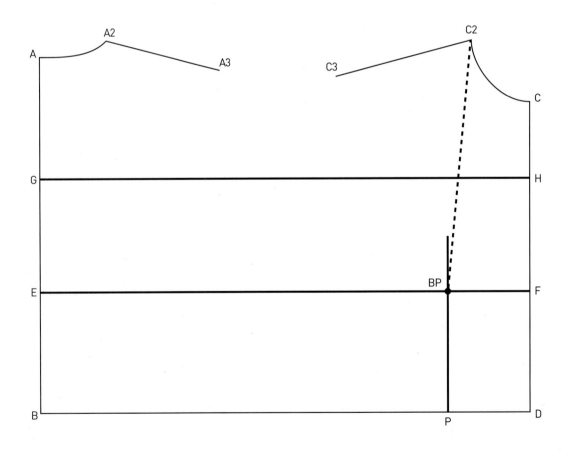 예 9cm

  P에서 앞 중심선과 평행한 안내선을 그려둔다.

  앞 옆 목점 C2에서 출발해 그려둔 안내선 상에 유장 길이(예 26cm, 점선)가 되는 점을 찾는다.

  이 점이 유두점(BP)이 된다.

- 가슴선 EF

  BP를 지나는 수평선으로 가슴선 EF를 그린다.

- 품선 GH

  AE의 이등분점 G에서 출발하는 수평선으로 품선 GH를 그린다.

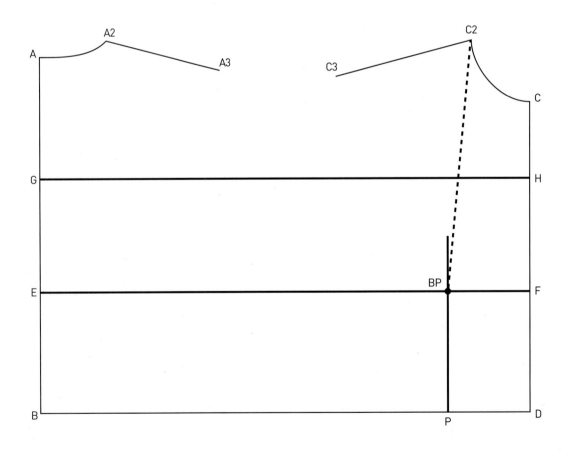

5단계 뒤판 옆선(B1E2), 앞판 옆선(D1F2) ─────────────────────────────

- 뒤 허리선 BB1=1/4 허리둘레+0.25cm(여유)+4cm(다트)−1cm(옆선 뒤로 이동) 例 20cm

  앞 허리선 DD1=1/4 허리둘레+0.25cm(여유)+4cm(다트)+1cm(옆선 뒤로 이동) 例 22cm

- 뒤 가슴선 EE1=1/4 가슴둘레+1.5cm(여유)−1.5cm(옆선 이동) 例 21cm

  앞 가슴선 FF1=1/4 가슴둘레+1.5cm(여유)+1.5cm(옆선 이동) 例 24cm

- 뒤 겨드랑이점 E2

  B1에서 출발해 E1을 지나 겨드랑이 밑 옆선 길이(例 19.5cm)를 표시한다.

- 앞 겨드랑이점 F2

  D1에서 출발해 F1을 지나 겨드랑이 밑 옆선 길이(例 19.5cm)를 표시한다.

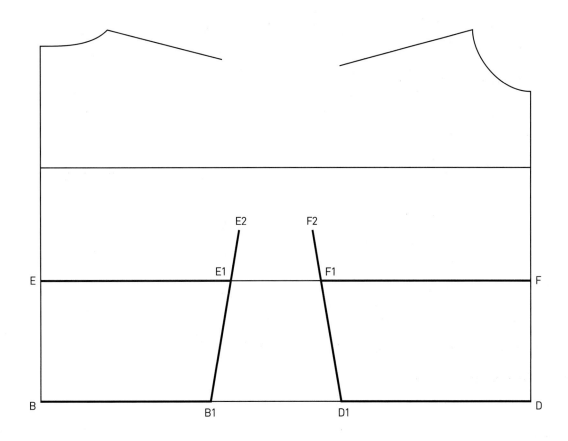

- 뒤 중심 다트

  BJ=1cm, GJ를 직선으로 연결해 뒤 중심 다트 BGJ를 완성한다.

- 뒤 허리 다트 위치 정하기

  JB1의 이등분점(📵 9.5cm)에서 양쪽으로 각각 1.5cm씩(총 3cm) 다트의 위치 J1J2를 정한다.

- 뒤 어깨 다트 위치 정하기

  A2J3=1/2 어깨 길이 📵 6.25cm

  뒤 어깨 다트 J3J4=1.5cm

- 뒤 어깨 다트 완성

  J1과 J3을 직선으로 연결해 뒤판 어깨 다트와 허리 다트를 완성하기 위한 안내선을 그린다.

  J3에서 안내선을 따라 약 7cm 길이로 뒤 어깨 다트 J3J4를 완성한다.

  다트를 접어서 닫은 후 A2J3을 연장한 직선 위에 어깨 길이(📵 12.5cm)를 다시 찾아 뒤 어깨선 A2A3을 완성한다. 접힌 다트 머리 부분은 룰렛 등을 이용해 안쪽 선을 찾아 그려준다.

- 뒤 허리 다트 완성

  안내선을 따라 품선에서 가슴선 사이 1/4 지점까지 길이로 뒤 허리 다트 J1J2를 완성한다.

- 앞 어깨 다트

  C2K=1/2 어깨 길이 📵 6.25cm

  KK1=1/18 가슴둘레 📵 4.6cm

  KK1을 BP와 직선 연결해 앞 어깨 다트를 그린다.

  다트를 접어서 닫은 후 C2K를 연장한 직선 위에 어깨 길이(📵 12.5cm)를 다시 찾아 앞 어깨선 C2C3을 완성한다.

- 앞 허리 다트

  P에서 양쪽으로 각각 2cm씩(총 4cm)의 다트 K2K3을 BP와 직선 연결해 앞 허리 다트를 그린다.

- 앞뒤 판 허리선의 다트를 접어서 닫은 후 앞뒤 판 옆선을 서로 붙인다. 그런 다음 앞뒤 판 허리
  선이 하나의 자연스러운 곡선이 되도록 허리선을 보정해 다시 그린다. 접힌 다트 머리 부분은
  룰렛 등을 이용해 안쪽 선을 찾아 그려준다.

  *스커트 원형과 붙여서 토르소 원형으로 사용하는 경우가 있어서 허리선을 직선으로 두기도 한다.

  *앞 어깨 다트와 허리 다트는 드레이핑에서 관찰한 것처럼 곡선으로 그리기도 하지만, 평면 원형에서는
  대부분 직선으로 그려두었다가 디자인에 따라 곡선으로 처리한다. 다트의 길이도 가슴이 뾰족하지 않으
  므로 BP점에서 약 2cm 떨어진 곳에서 멈추지만 이 역시 디자인에 따라 패턴을 뜰 때 조절한다.

- 옆선 보정

  뒤 중심 다트와 뒤 허리 다트를 그리면서 가슴선에서 잃어버린 치수를 E1 옆선에 보충해 E1을
  수정한다. B1과 수정한 E1을 지나는 옆선을 다시 그린다(점선은 수정하기 전의 옆선).
  B1에서 겨드랑이 밑 옆선 길이(예 19.5cm)를 찾아 E2도 수정한다.

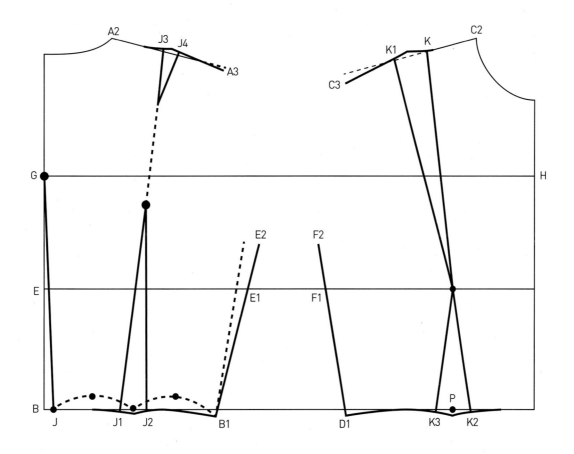

- 뒤품선 GL=1/2 뒤품 길이+0.75cm(여유) **예** 18.25cm

- 뒤 암홀 그리기

  E2에서 옆선에 직각으로 출발해 L을 지나 A3에 이르는 곡선으로 뒤 암홀을 완성한다.

- 앞품선 HL1=1/2 앞품 길이+0.5cm(여유) **예** 17cm

  앞판 어깨 다트를 접어서 닫은 상태로 L1의 위치를 찾아 앞품선 HL1을 완성한다.

- 앞 암홀 그리기

  F2에서 옆선에 직각으로 출발해 L1을 지나 C3에 이르는 곡선으로 앞 암홀을 완성한다.

- 마분지나 캔트지처럼 두꺼운 종이에 앞뒤 판을 분리해 베껴낸다.

- 토르소 원형은 스커트 기본 원형과 상의 기본 원형을 붙여서 사용한다. 이때 다트의 위치는 조절해 옮길 수 있다.

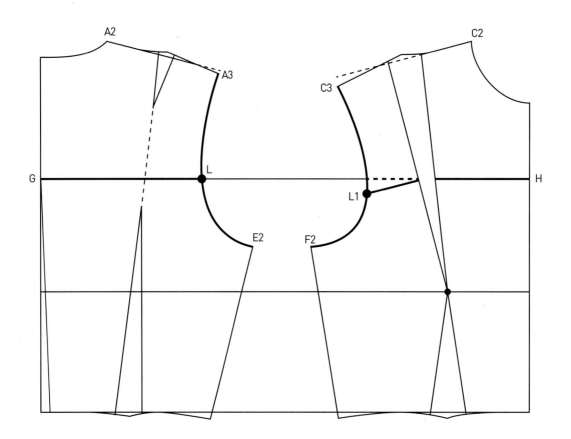

8단계 암홀 검토

- 앞뒤 판 가슴선을 수평으로 유지하면서 겨드랑이점을 맞추고 전체 암홀의 모양을 검토한 후 필요한 치수도 재어 기록해둔다.

  뒤 암홀 길이: A3에서 L을 지나 E2까지 길이

  앞 암홀 길이: C3에서 L1을 지나 F2까지 길이

  총 암홀 길이=앞 암홀 길이+뒤 암홀 길이

- 암홀 깊이: 뒤판 어깨 끝점 A3과 앞판 어깨 끝점 C3을 연결한 후 그 이등분점에서 겨드랑이점까지 길이

  기본 소매의 패턴 제작 시 소매산의 높이를 정할 때 필요한 치수이다.

- 암홀 폭: 뒤품선 끝점 L에서 앞품선 L1까지 간격

  몸에 밀착하는 디자인의 원피스나 블라우스 등의 암홀 폭: 10~11cm

  보통 재킷의 암홀 폭: 11~12cm

  여유 있는 재킷이나 코트의 암홀 폭: 12~13cm

  트렌드나 디자인에 따라 달라질 수 있다.

- 접합점(너치 표시): 소매와 봉제할 때를 위해 접합점을 표시한다.

  앞판: 겨드랑이점 F2에서 출발해 7, 8cm 지점

  뒤판: 겨드랑이점 E2에서 출발해 8cm 지점

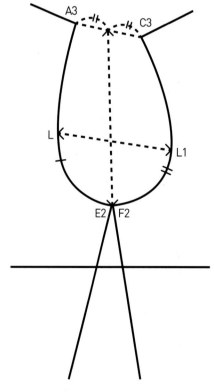

4 다트 없는 상의 원형

몸매가 드러나지 않는 볼륨이 큰 디자인이나 신축성 있는 소재를 사용할 때, 기모노 스타일처럼
평면적인 의상을 제작할 때 사용한다.

제도에 필요한 치수

앞 중심 길이: 예 35cm

뒤 중심 길이: 예 40cm

엉덩이 길이: 예 20cm

엉덩이둘레: 예 92cm

가슴둘레: 예 84cm

허리둘레: 예 67cm

뒤품 길이: 예 35cm

앞품 길이: 예 33cm

목 아래 둘레: 예 36cm

겨드랑이 밑 옆선 길이: 예 20cm

기준점 찾기

XY＝앞뒤 중심선

AB＝엉덩이 길이 **예** 20cm

BC＝앞 중심 길이 **예** 35cm

BD＝뒤 중심 길이 **예** 40cm

CE＝1/2 BC **예** 17.5cm

CF＝1/2 CE **예** 8.75cm

기준선 그리기

앞뒤 중심선에 직각으로 아래의 치수에 맞추
어 기준선을 그린다.

엉덩이선 AA1＝1/4 엉덩이둘레＋1cm(여유)
예 24cm

가슴선 EE1＝1/4 가슴둘레＋1cm(여유) **예** 22cm

허리선 BB1＝1/4 허리둘레＋4cm(여유분 1cm와
다트 분량 3cm) **예** 20.75cm

앞품선 FF1＝1/2 앞품 길이 **예** 16.5cm

뒤품선 FF2＝1/2 뒤품 길이 **예** 17.5cm

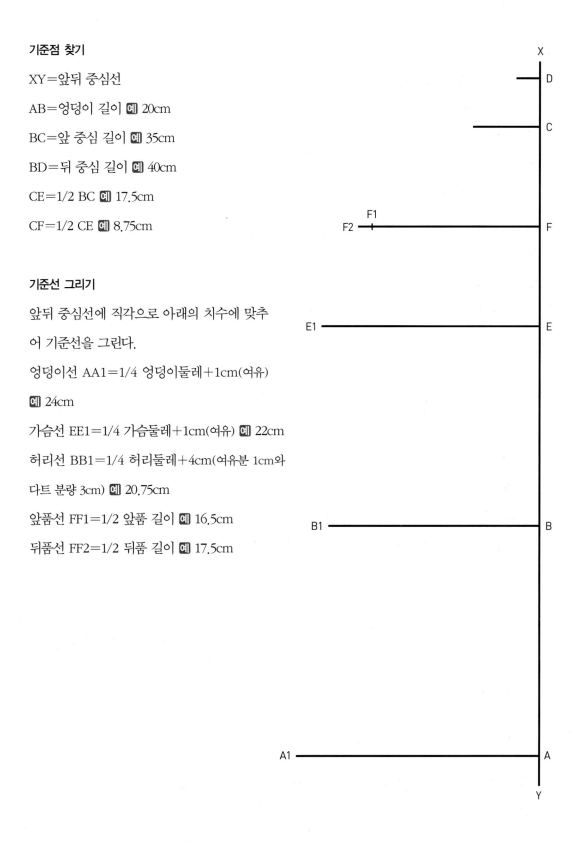

2단계 목둘레

앞판

CG＝1/6 목둘레＋0.5cm **예** 6.5cm

CG는 XY에 직각

GH＝1/6 목둘레＋1cm **예** 7cm

GH는 CG에 직각

C에서 앞 중심선에 직각으로 출발해 H까지 곡선으로 연결한다.

뒤판

HH1＝0.5cm

D에서 뒤 중심선에 직각으로 출발해 H1까지 곡선으로 연결한다.

3단계 어깨선

어깨가 솟거나 처진 정도에 따라 경사도는 달라진다. 필요한 경우, 가봉을 통해 자신에게 맞는 어깨 경사도를 찾아 패턴을 수정한다. 여기서는 평균적인 어깨 경사도 20도를 사용한다. 다만 몸을 앞으로 숙이거나 움직임에 따라 옷의 어깨선이 뒤로 넘어가는 현상을 보완해주기 위해 경사도 20도는 유지하되 뒤판 경사도는 18도, 앞판 경사도는 22도로 조절한다. 이 또한 패턴을 뜨는 사람의 감각에 따라 수치는 달라질 수 있다.

앞판

- H에서 22도 각도로 어깨선을 그린다. 어깨 다트가 있는 상의 기본 원형에서와 같은 방법으로 한다(p. 31 참조).

  HK1＝어깨 길이 **예** 12.5cm

뒤판

- H1에서 18도 각도로 어깨선을 그린다. 어깨 다트가 있는 상의 기본 원형에서와 같은 방법으로 한다(p. 31 참조).

H1K=어깨 길이 예 12.5cm

4단계 옆선

- 엉덩이 옆 곡선 A1B1을 그린다.
- 겨드랑이 밑 옆선을 그린다.

  B1에서 출발해 E1을 지나 M까지 직선으
  로 연결해 겨드랑이 밑 옆선을 완성한다.

  B1M=겨드랑이 밑 옆선 길이 예 20cm

5단계 암홀

앞판

M에서 옆선에 직각으로 출발해 F1을 지나
K1까지 앞 암홀을 그린다.

뒤판

M에서 옆선에 직각으로 출발해 F2를 지나
K까지 뒤 암홀을 그린다.

마분지나 켄트지처럼 두꺼운 종이에 앞뒤
판을 분리해 베껴낸다.

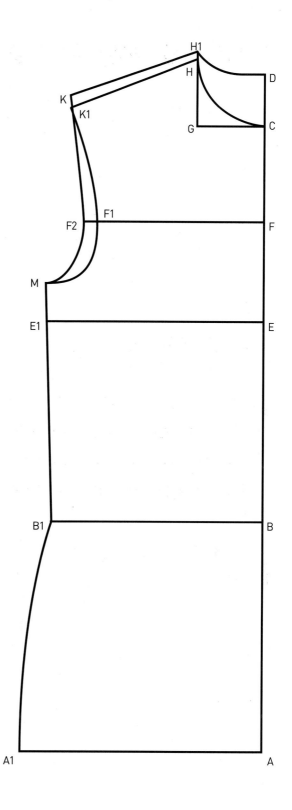

3 디자인에 따른 외곽 볼륨 확장법

1 스커트 기본 확장법

- 허리선: 디자인에 따라 허리선의 위치와 여유량을 정한다.
- 엉덩이선: 디자인에 따라 엉덩이선에서 여유량을 정한다.
- 옆선: 디자인에 따라 허리선에서 시작해 엉덩이선을 지나는 옆선의 실루엣을 정한다.
- 옷 길이: 디자인에 따라 스커트 길이를 정한다.

기본 허리선을 유지하는 경우

스커트 기본 원형의 허리선은 인체의 가장 가느다란 허리 부분에 맞추어져 있다. 벨트가 있는 경우 벨트 폭의 1/2 치수만큼 평행하게 내려 허리선을 그린다. 치수를 늘리거나 줄이려면 아래의 그림과 같은 방법으로 옆 허리선에서 작업해준다. 이때 인체의 굴신 정도에 따라 앞 중심선이나 뒤 중심선을 내려주기도 한다. 옆선이 돌아가지 않도록 앞판과 뒤판에 동일한 치수를 주도록 주의한다.

* 점선은 스커트 기본 원형선

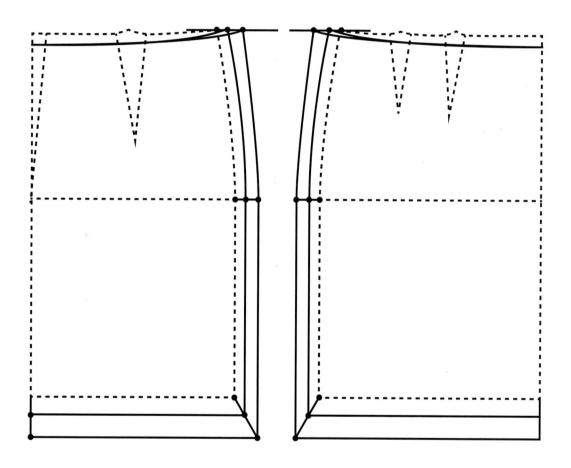

로웨이스트인 경우

디자인에 따라 허리선을 내려준다. 일정하게 내려줄 수도 있고 디자인에 따라 아래 그림처럼 앞 중심을 더 많이 내려주는 경우도 있다.

반드시 허리선 옆선을 붙이고 앞뒤 판 허리선을 연결해 그린다.

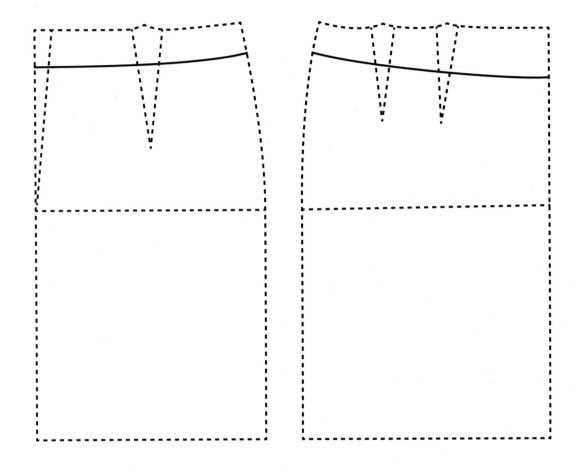

하이웨이스트인 경우

스커트 기본 원형 위에 상의 기본 원형을 붙여서 준비한다. 허리선을 가슴 부분보다 더 높이 올리지는 않으므로 가슴선까지만 필요하다. 디자인에 따라 하이웨이스트선을 정한다. 다트선이나 절개선을 다시 그리고 모든 다트나 절개선을 접어서 닫은 후 허리선에서 앞뒤 판을 붙인 상태에서 조화로운 하나의 허리선이 되도록 수정한다.

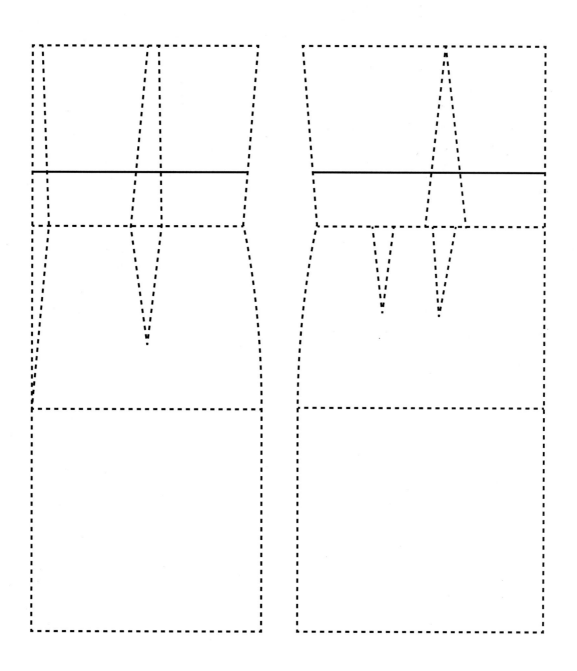

2 바지 기본 확장법

• 허리선: 디자인에 따라 허리선의 위치와 여유량을 정한다.

　* 스커트와 같은 방법으로 작업한다.

• 엉덩이선: 디자인에 따라 엉덩이선에서 여유량을 정한다.

• 바지 가랑이점: 디자인에 따라 밑위 부분의 활동량을 감안해 가랑이점을 얼마나 내릴지, 여유
량은 얼마나 줄지를 결정한다. 앞뒤 판에 동일한 치수를 준다.

• 옆선: 디자인에 따라 허리선에서 시작해 엉덩이선을 지나는 옆선의 실루엣을 정한다. 옆선이
비틀려 돌아가지 않도록 앞뒤 판에 동일한 치수를 준다.

• 다리 안쪽선: 옆선과 같은 방법으로 디자인에 따라 실루엣을 정한다. 다리 안쪽선이 비틀려 돌
아가지 않도록 앞뒤 판에 동일한 치수를 준다.

• 옷 길이: 디자인에 따라 바지 길이를 정한다.

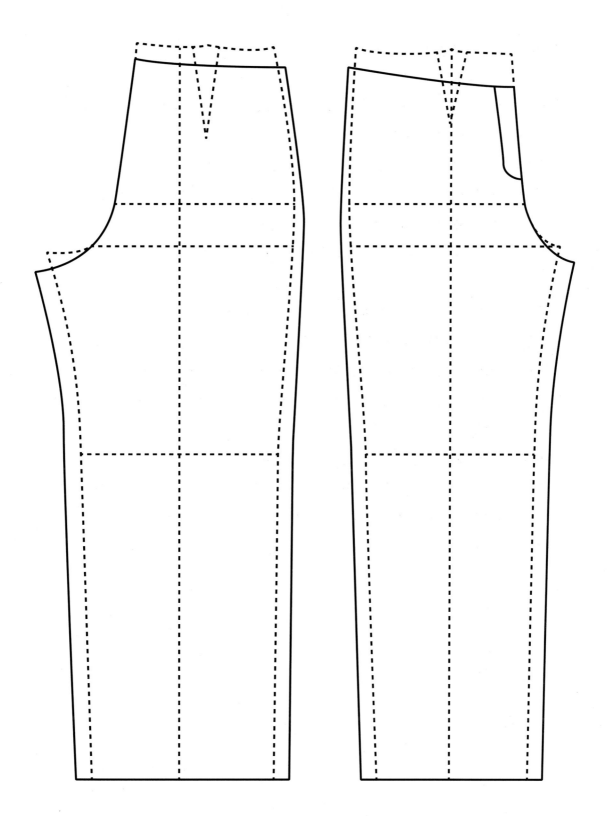

3 상의 기본 확장법

- 목둘레선: 디자인에 따라 앞뒤 목둘레선을 정한다. 옆 목점에서 꺾이지 않도록 주의한다.
- 어깨선: 어깨선에서 디자인에 따라 어깨 길이를 정한다.
- 품선: 디자인에 따라 앞뒤 품선에서 여유량을 준다. 대부분 앞쪽으로 움직이므로 뒤품선에서 여유량을 조금 더 주기도 한다.
- 겨드랑이점: 디자인에 따라 활동량을 감안해 겨드랑이점을 얼마나 내릴지, 여유량은 얼마나 줄지 결정한다. 옆선이 돌아가지 않도록 앞뒤 판에 동일한 치수를 준다. 또 암홀의 폭과 모양에 유의한다.
- 허리선: 디자인에 따라 허리선의 위치와 여유량을 정한다.
- 엉덩이선: 디자인에 따라 엉덩이선에서 여유량을 정한다.
- 옆선: 디자인에 따라 겨드랑이에서 시작해 허리선, 엉덩이선을 지나는 옆선의 실루엣을 정한다.
  * 겨드랑이점, 허리선, 엉덩이선, 옆선 등의 여유량은 앞뒤 판에 항상 동일하게 주어야 한다. 그러지 않으면 옆선이 비틀려 돌아갈 수 있다.
- 옷 길이: 디자인에 따라 옷 길이를 정한다. 단추가 있는 경우 단추의 크기와 모양에 따라 여밈 분량을 정하고, 옷 길이와 비례가 맞도록 단추 간격과 위치를 정한다. 가슴선과 허리선 근처에는 단추가 위치해야 움직일 때 벌어지는 일을 방지할 수 있다.
- 뒤 중심선: 디자인에 따라 곬선을 쓸지, 다트 분량을 없앨지 정한다.

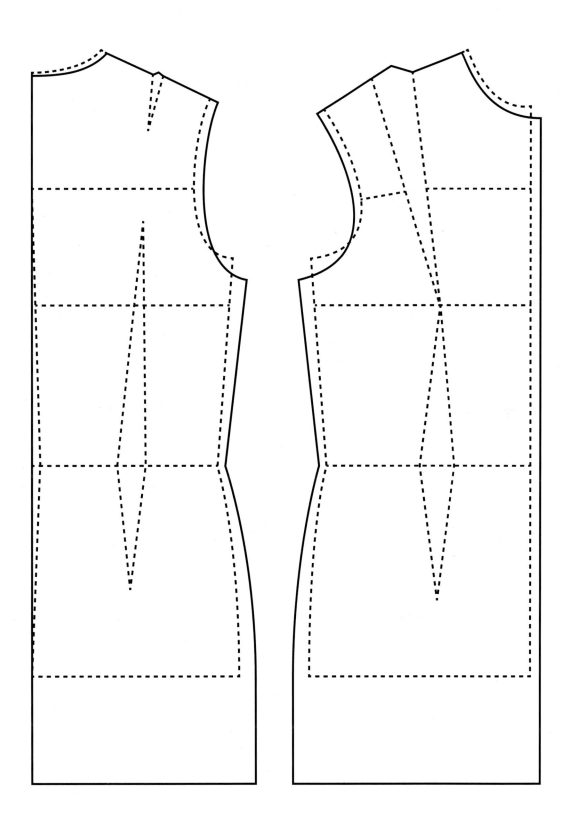

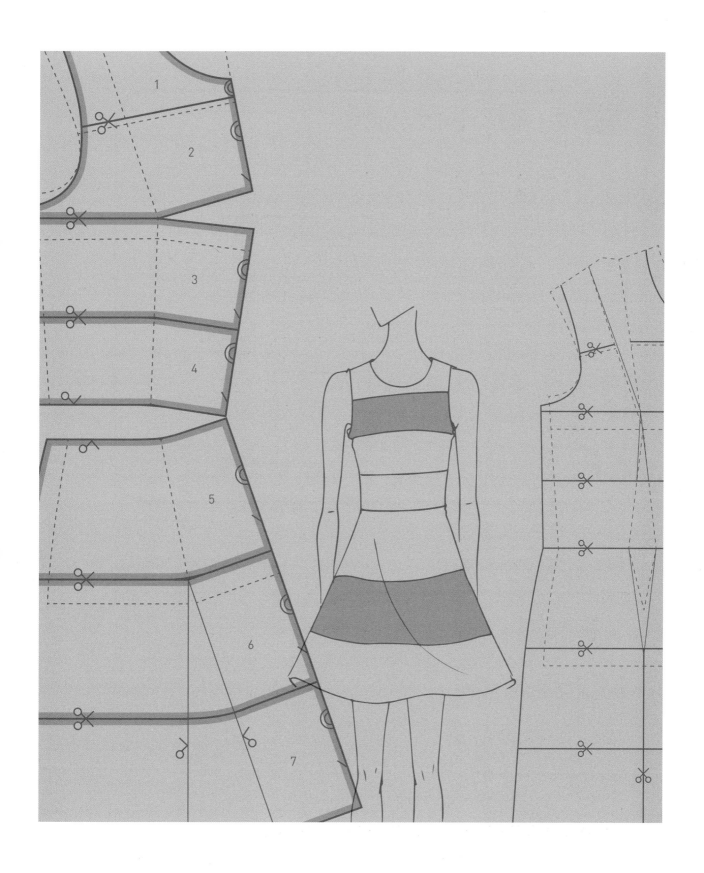

2주 스커트 기본 원형 활용 1

: 다트, 다트 이동, 플레어에 대한 이해

직선 벨트 타이트 스커트

준비 스커트 기본 원형을 베껴놓는다.

(작업 과정에서 기준 원형이 지워지지 않도록 색깔 있는 펜으로 그리길 권한다. 여기서는 점선으로 표시했다.)

1 구성 패턴 제도

1 디자인에 따라 외곽 볼륨을 정한다.

- 허리선의 위치를 정한다.

  벨트가 있는 디자인이므로 벨트 너비의 1/2만큼 내려 허리선을 그린다.

- 디자인에 따라 옆 허리선과 옆 엉덩이선에서 볼륨을 가감한다.

  여기서는 원형보다 전체적으로 4cm를 더 늘리려고 앞뒤 판 옆선에서 각각 1cm씩 더해주

  었다.

- 스커트 길이를 정한다.

• 트임의 위치와 깊이를 정한다.

2 디자인에 따라 다트 분량을 적절히 이동한다.

다트를 접어서 닫고 앞뒤 판의 허리선을 다시 그린 다음 치수를 측정해 기록해둔다.

3 디자인에 따라 벨트를 제도한다(p. 54 참조).

4 식서선과 곬 표시 등 필요한 사항을 기록한다.

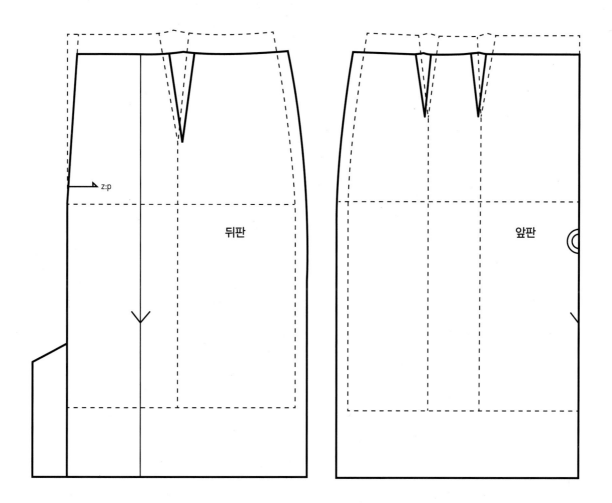

뒤판

앞판

z:p

직선 벨트 제도

뒤여밈

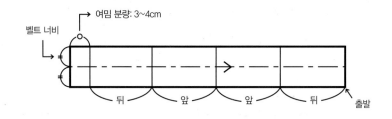

- 벨트는 측정해둔 스커트의 허리 치수에 맞추어 제
  도한다.
- 겹으로 접어서 봉제하는 직선 벨트이므로 벨트 너
  비의 2배로 제도한다.
- 여밈분은 3~4cm로 한다.

옆 여밈

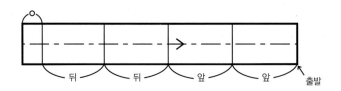

앞여밈

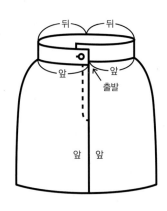

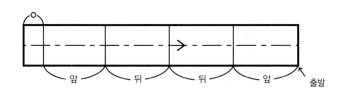

2 재단 패턴 제작

1 구성 패턴에서 필요한 패턴을 분리해 베껴내고 시접을 더해준다.

2 각 패턴에 필요한 사항을 기록하고 너치 표시를 한다.

　* 재단 패턴 제작 과정은 동일하므로 다른 모델에서는 같은 방법으로 응용하도록 한다.

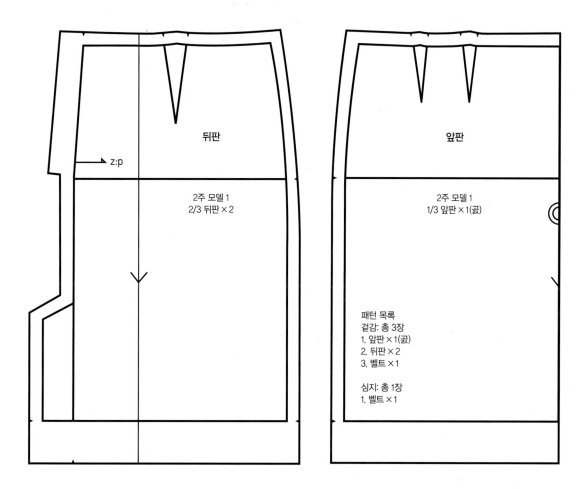

뒤판

z:p

2주 모델 1
2/3 뒤판 × 2

앞판

2주 모델 1
1/3 앞판 × 1(곪)

패턴 목록
겉감: 총 3장
1. 앞판 × 1(곪)
2. 뒤판 × 2
3. 벨트 × 1

심지: 총 1장
1. 벨트 × 1

		2주 모델 1	
		심지 1/1 벨트 × 1	

뒤 중심	옆선	앞 중심 2주 모델 1	옆선	뒤 중심
⊙		3/3 벨트 × 1		

* 벨트 치수는 지면의 크기 때문에 스커트보다 축소율이 높다.

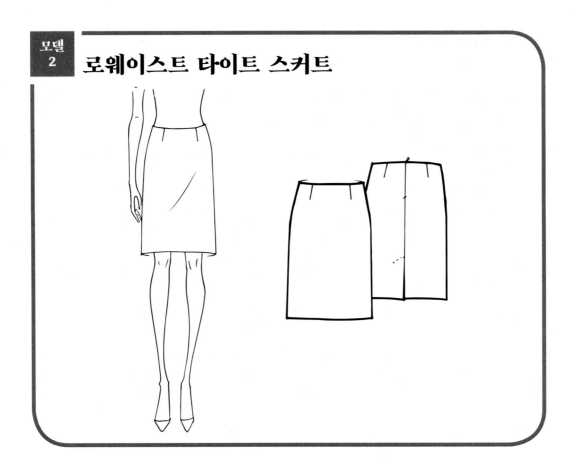

준비 스커트 기본 원형을 베껴놓는다.

1 구성 패턴 제도

1 디자인에 따라 외곽 볼륨을 정한다.

- 허리선의 위치를 정한다.

  디자인에 따라 낮은 허리선을 그린다.

- 디자인에 따라 옆 허리선과 옆 엉덩이선에서 볼륨을 가감한다.

  여기서는 앞판 다트를 한 개로 하면서 다트량을 조금 줄이고, 그 분량만큼 옆선에서 볼륨을
  줄였다. 뒤판도 옆선의 밸런스를 맞추기 위해 다트량을 조절했다.

- 스커트 길이를 정한다.

- 트임의 위치와 깊이를 정한다.

2 디자인에 따라 다트의 위치를 적절히 이동한다. 다트를 접어서 닫고 허리선을 다시 그린다.

3 안단선을 그린다.

4 식서선과 곬 표시 등 필요한 사항을 기록한다.

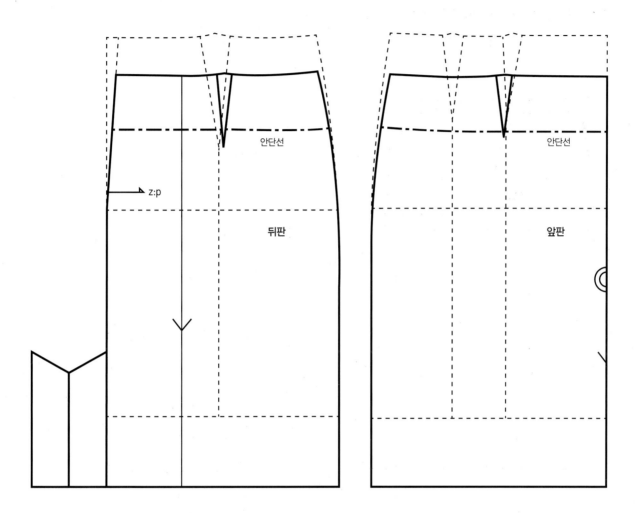

2 재단 패턴 제작

1 구성 패턴에서 필요한 패턴을 분리해 베껴내고 시접을 더해준다.

2 다트를 접고 안단 패턴도 따로 베껴낸다. 심지 패턴도 베껴낸다.

3 각 패턴에 필요한 사항을 기록한다.

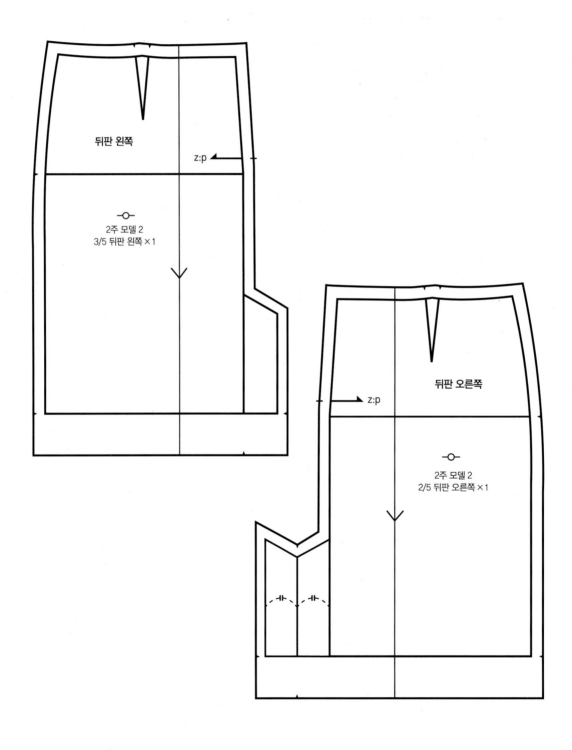

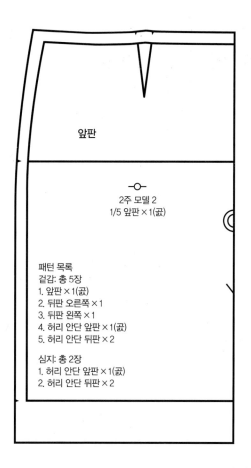

앞판

2주 모델 2
1/5 앞판×1(곬)

패턴 목록
겉감: 총 5장
1. 앞판×1(곬)
2. 뒤판 오른쪽×1
3. 뒤판 왼쪽×1
4. 허리 안단 앞판×1(곬)
5. 허리 안단 뒤판×2

심지: 총 2장
1. 허리 안단 앞판×1(곬)
2. 허리 안단 뒤판×2

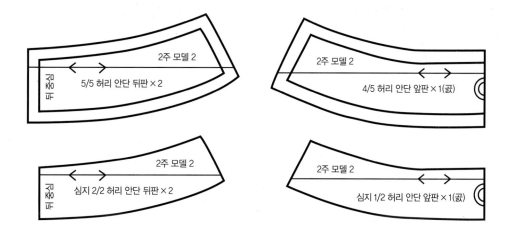

2주 모델 2
5/5 허리 안단 뒤판×2

2주 모델 2
4/5 허리 안단 앞판×1(곬)

2주 모델 2
심지 2/2 허리 안단 뒤판×2

2주 모델 2
심지 1/2 허리 안단 앞판×1(곬)

모델 3 옆선 다트 타이트 스커트

준비 스커트 기본 원형 앞판을 베껴놓는다. 뒤판은 모델 1과 2를 참조한다.

1 구성 패턴 제도

1단계

1 디자인에 따라 외곽 볼륨을 정한다.

- 허리선의 위치를 정한다.

  벨트가 있는 디자인이므로 벨트 너비의 1/2만큼 내려 허리선을 그린다.

- 옆 허리선, 옆 엉덩이선에서 디자인에 따라 볼륨을 가감한다. 여기서는 원형을 유지했다.

- 스커트 길이를 정한다.

2 디자인에 따라 옆선 다트의 위치를 정한다. 허리 다트를 하나로 합치고 옆선 다트의 끝점과 만

나게 한다.

3 옆선 다트선을 자른다.

2단계

4 허리 다트를 접어 없앤다.

5 허리 다트가 옆선으로 이동한 것을 볼 수 있다.

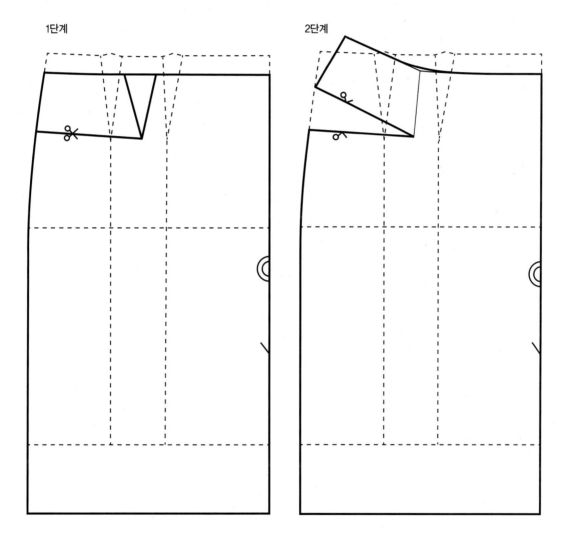

2 앞판 재단 패턴

1 다트 머리 부분을 다시 그리고 시접을 주어 재단 패턴을 완성한다.

2 식서선과 곬 표시 등 필요한 사항을 기록한다.

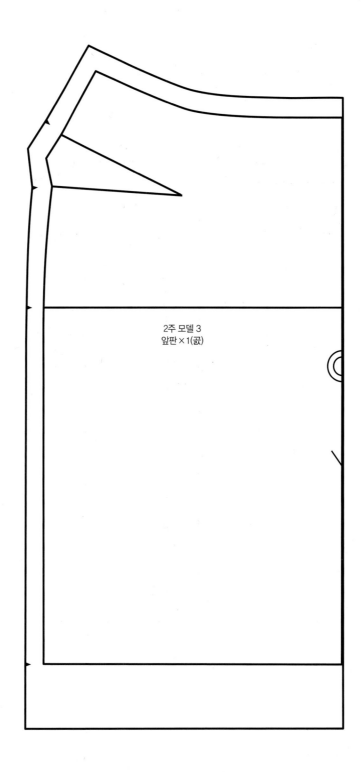

2주 모델 3
앞판×1(곬)

앞 중심 개더 타이트 스커트

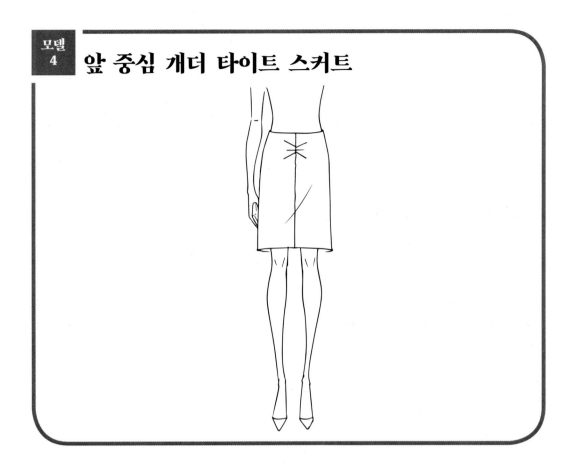

준비 스커트 기본 원형 앞판을 베껴놓는다. 뒤판은 모델 2와 동일하므로 생략한다.

1 구성 패턴 제도

1단계

1 디자인에 따라 외곽 볼륨을 정한다.

- 허리선의 위치를 정한다.

  디자인에 따라 낮은 허리선을 그린다.

- 옆 허리선, 옆 엉덩이선에서 디자인에 따라 볼륨을 가감한다. 여기서는 원형을 유지했다.

- 스커트 길이를 정한다.

2 디자인에 따라 앞 중심선에 다트를 이동할 위치를 정한다. 허리 다트를 하나로 합치고 이동할

위치의 끝점과 만나게 한다. 앞 중심 길이 x를 재어놓는다.

3 이동할 위치의 선을 자른다.

2단계 ────────────────────────────

4 허리 다트를 접어 없앤다.

5 허리 다트가 앞 중심으로 이동한 것을 볼 수 있다

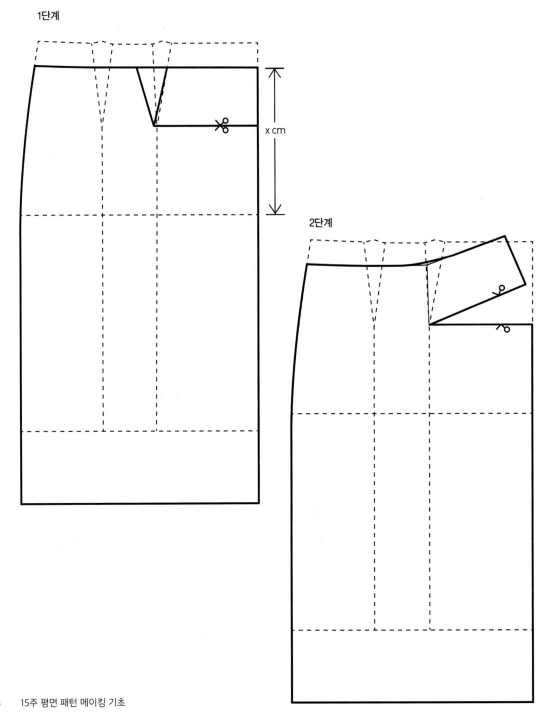

2 앞판 재단 패턴

1 앞 중심선을 곡선으로 연결한다. 개더 처리가 완성되었을 때의 길이를 기록해둔다.

2 식서선과 곬 표시 등 필요한 사항을 기록한다.

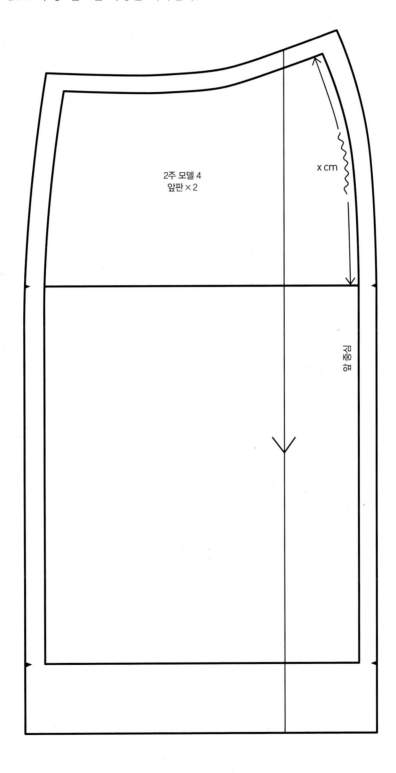

2주 모델 4
앞판×2

x cm

식서방향

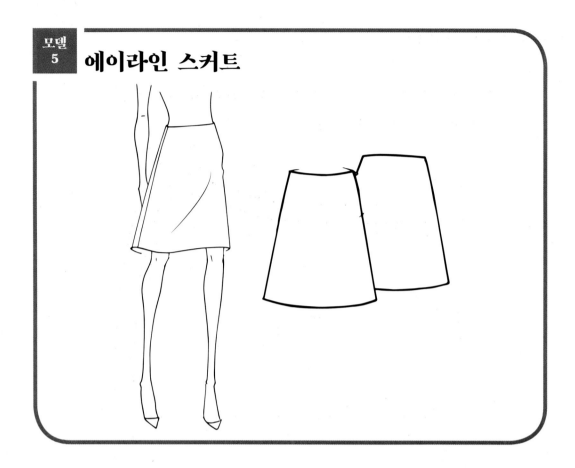

모델 5 에이라인 스커트

준비 스커트 기본 원형을 베껴놓는다.

1 구성 패턴 제도

1단계 ──────────────────────

1 디자인에 따라 외곽 볼륨을 정한다.

- 허리선의 위치를 정한다.

  디자인에 따라 낮은 허리선을 그린다.

- 옆 허리선, 옆 엉덩이선에서 디자인에 따라 볼륨을 가감한다. 여기서는 원형을 유지했다.

- 스커트 길이를 정한다.

2 뒤 중심선이 곬선이므로 뒤 중심 다트의 양을 포함해 2개의 다트를 만든다.

- 앞판과 같은 볼륨을 유지하기 위해 다트 길이를 맞춘다.

3 안단선을 그린다.

4 다트의 끝점에서 스커트 밑단까지 절개선을 그리고 자른다.

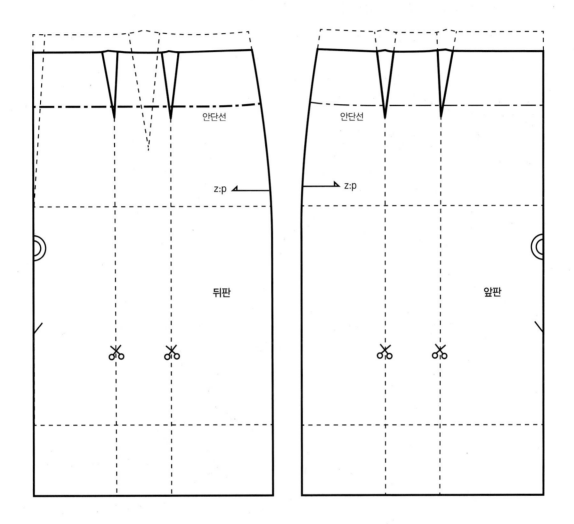

5 허리 다트를 접어 없앤다.

6 허리 다트가 밑단으로 이동한 것을 볼 수 있다.

7 식서선과 곬 표시 등 필요한 사항을 기록한다.

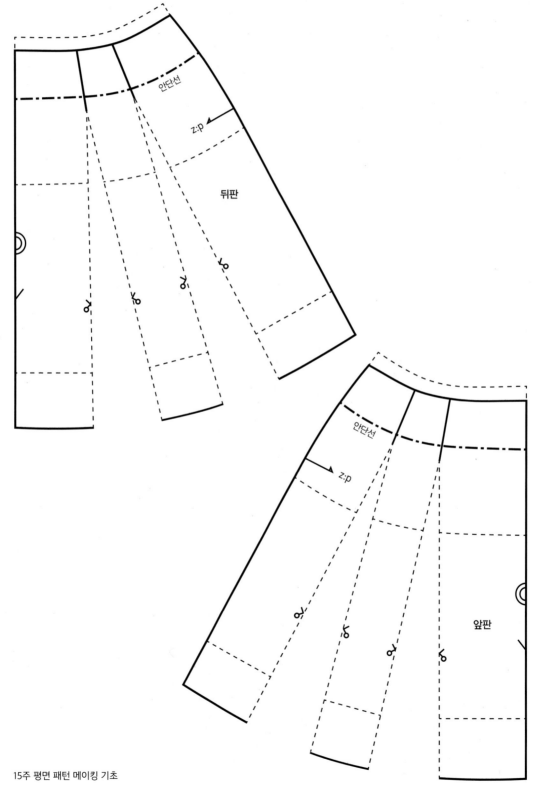

2 재단 패턴 제작

1 엉덩이선과 밑단선을 연결해 그린다.

2 시접을 주고 패턴을 완성한다.

3 각 패턴에 필요한 사항을 기록한다.

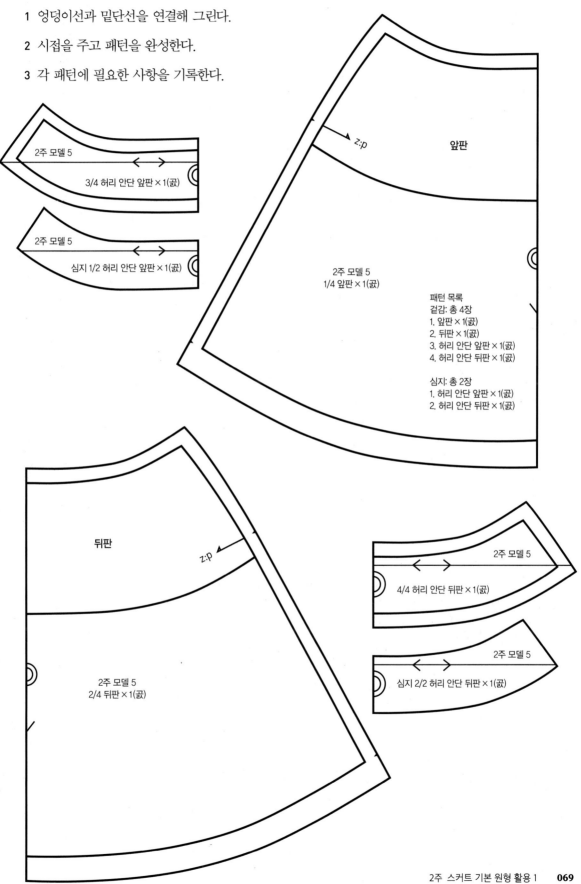

2주 모델 5
3/4 허리 안단 앞판×1(곬)

2주 모델 5
심지 1/2 허리 안단 앞판×1(곬)

z:p   앞판

2주 모델 5
1/4 앞판×1(곬)

패턴 목록
겉감: 총 4장
1. 앞판×1(곬)
2. 뒤판×1(곬)
3. 허리 안단 앞판×1(곬)
4. 허리 안단 뒤판×1(곬)

심지: 총 2장
1. 허리 안단 앞판×1(곬)
2. 허리 안단 뒤판×1(곬)

뒤판   z:p

2주 모델 5
2/4 뒤판×1(곬)

2주 모델 5
4/4 허리 안단 뒤판×1(곬)

2주 모델 5
심지 2/2 허리 안단 뒤판×1(곬)

모델 6 플레어 스커트

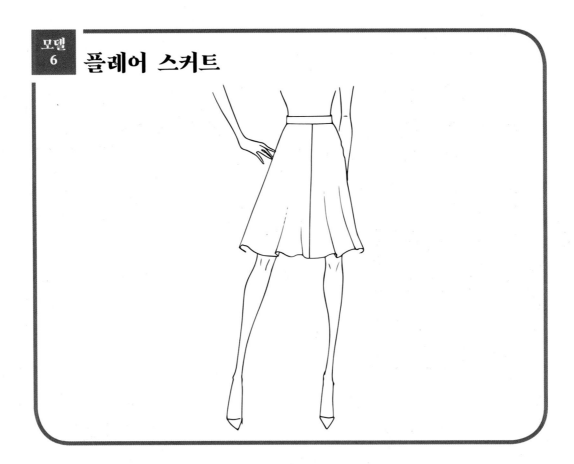

준비 스커트 기본 원형 앞판을 베껴놓는다. 뒤판은 앞판과 동일하므로 생략한다.

1 구성 패턴 제도

1단계

1 모델 5의 앞판 1단계를 작업한다.

플레어를 추가하고 싶은 위치를 정하고 밑단에서 허리선까지 절개한다.

2단계

2 모델 5의 2단계 작업을 하고, 플레어를 추가한다.

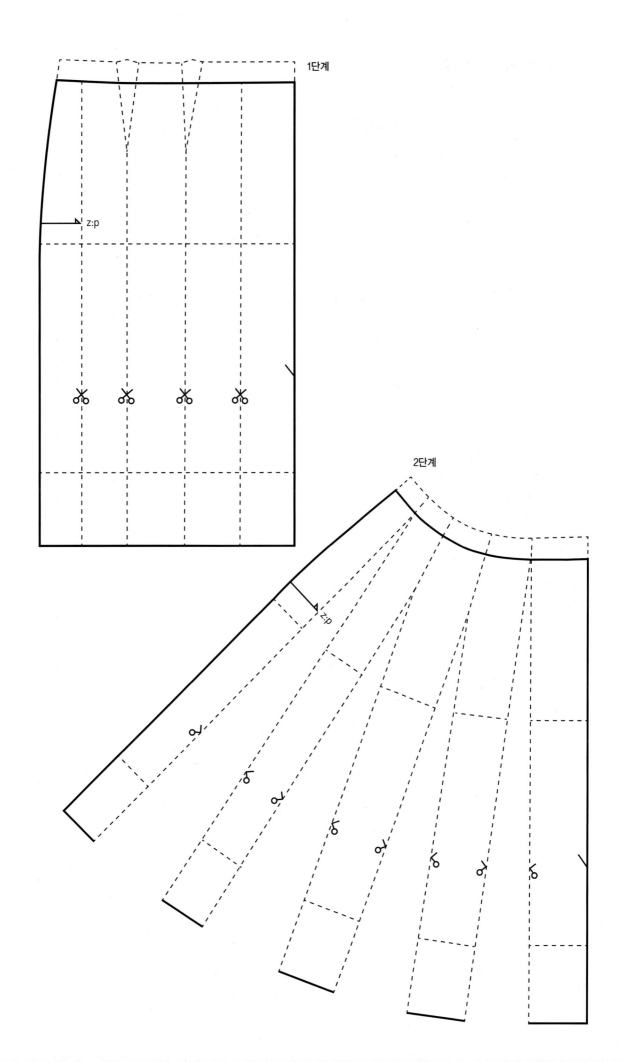

1단계

z:p

2단계

z:p

2 앞판 재단 패턴

1 엉덩이선과 밑단선을 연결해 그린다.

2 시접을 주고 패턴을 완성한다.

3 각 패턴에 필요한 사항을 기록한다.

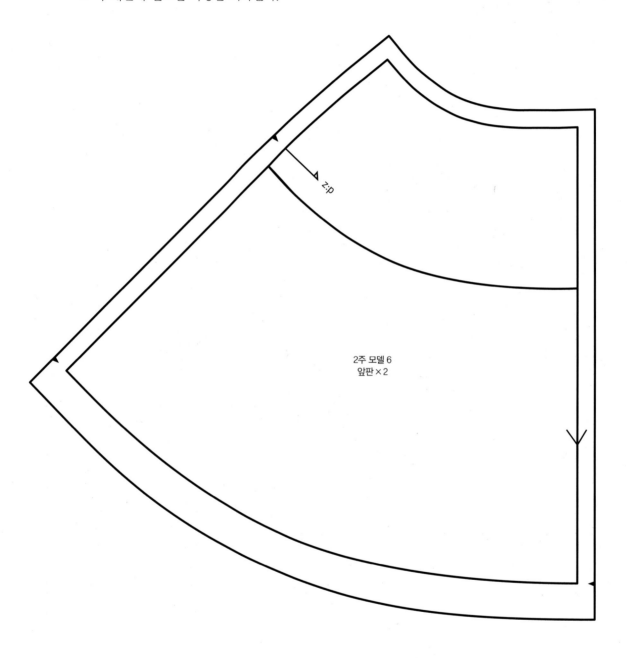

z.p

2주 모델 6
앞판×2

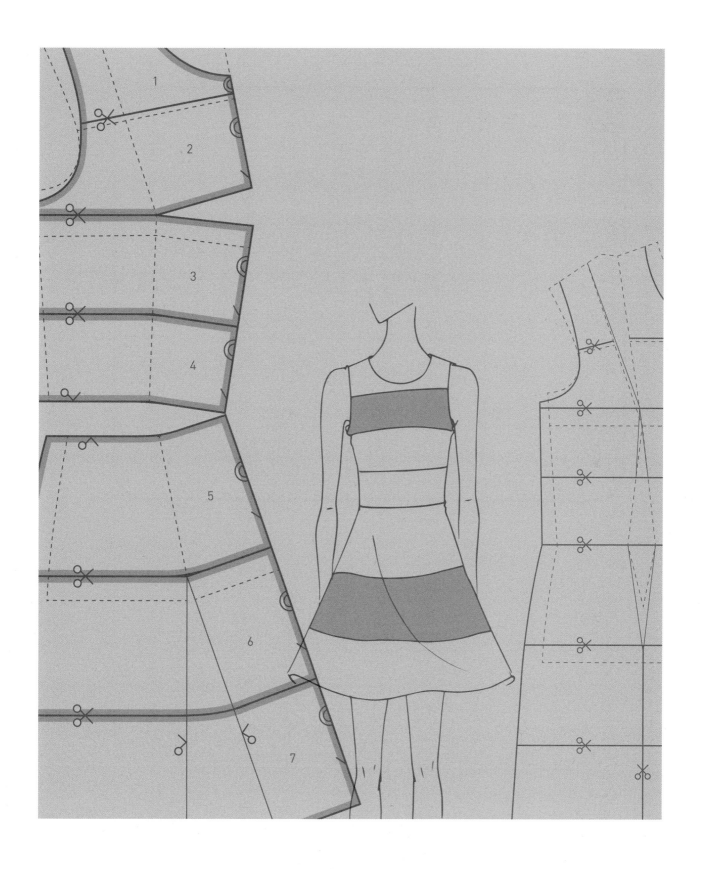

3주 스커트 기본 원형 활용 2
: 횡단 절개선과 플레어 복습, 주름에 대한 이해

요크, 타이트 스커트

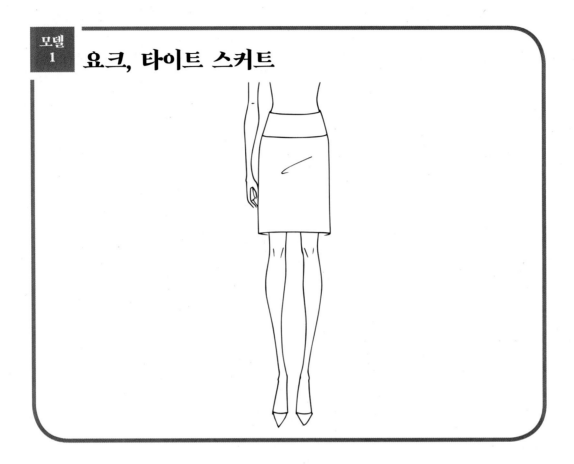

준비 스커트 기본 원형 앞판을 베껴놓는다.

뒤판은 앞판과 같은 방법을 응용하면 되므로 생략한다.

1단계

1 디자인에 따라 외곽 볼륨을 정한다.

- 허리선의 위치를 정한다.

   디자인에 따라 낮은 허리선을 그린다.

- 옆 허리선, 옆 엉덩이선에서 디자인에 따라 볼륨을 가감한다. 여기서는 원형을 유지했다.

- 스커트 길이를 정한다.

- 요크선의 위치를 정한다(다트 끝점에서 2cm 이상 벗어나지 않도록 한다).

2 다트의 끝을 요크선과 만나도록 조절해 다시 그린다.

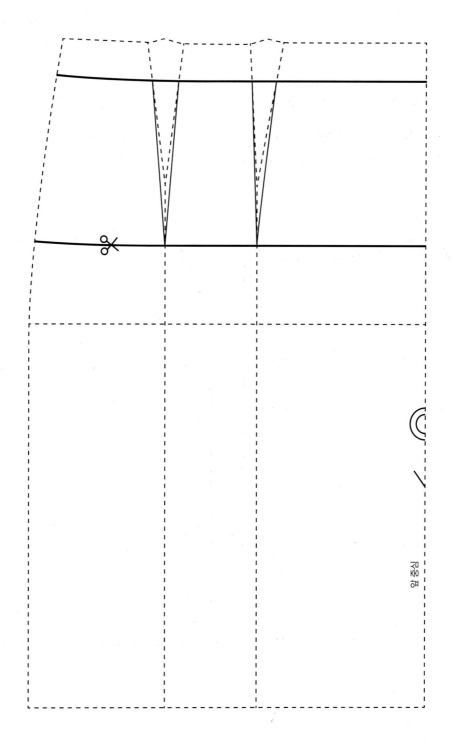

앞중심

3 요크선을 절개한다. 허리 다트를 접어 없앤다.

4 요크와 스커트 2개의 패턴으로 분리해 베껴낸다.

5 식서선과 곬 표시 등 필요한 사항을 기록한다.

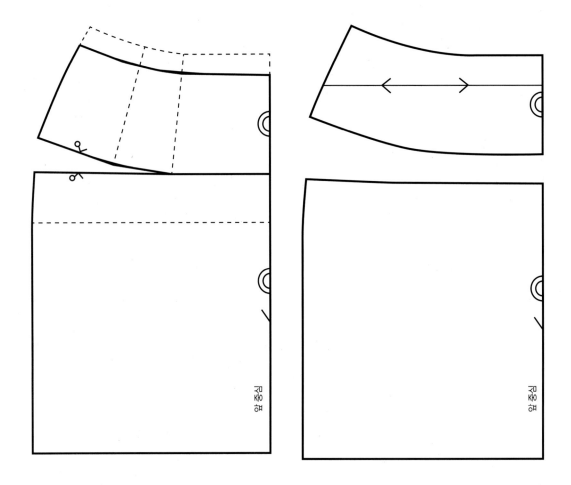

요크, 플레어 스커트

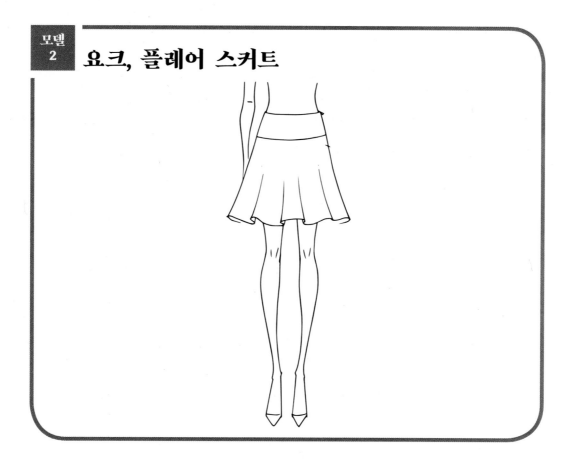

준비 3주 모델 1의 패턴을 준비한다.

1단계 ────────────

1 요크 부분은 모델 1과 같다.
2 스커트에서 플레어의 위치를 정하고
  절개한다.

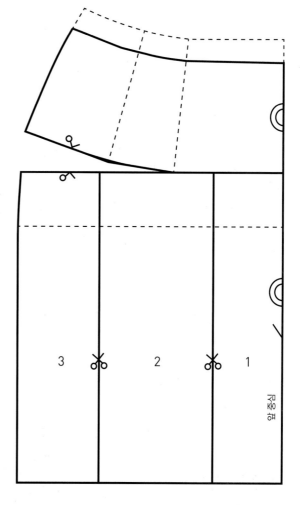

3 원하는 플레어의 분량만큼 밑단을 벌려준다.

4 요크와 스커트 2개의 패턴으로 분리해 베껴낸다.

5 식서선과 곬 표시 등 필요한 사항을 기록한다.

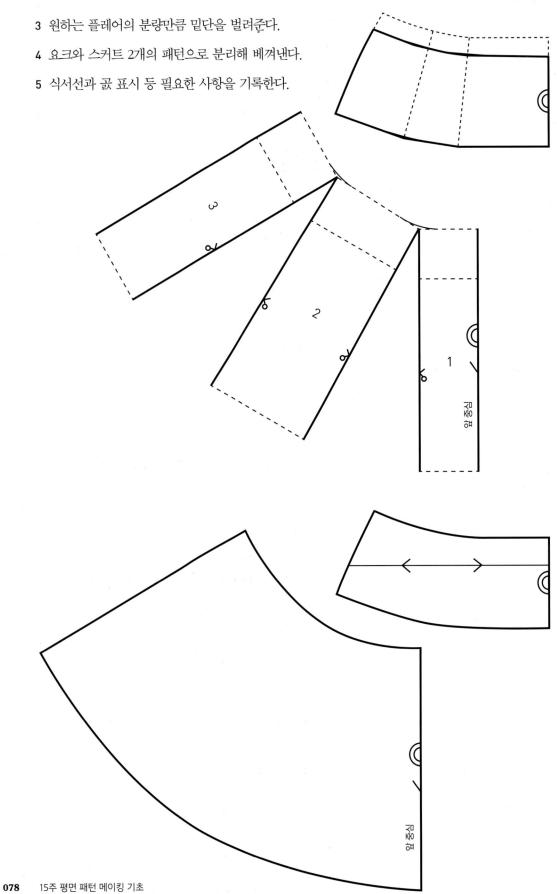

모델 3 요크, 외주름 스커트

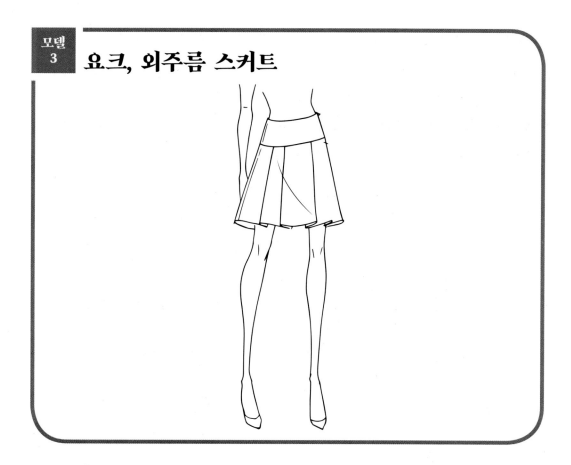

준비 3주 모델 1의 패턴을 준비한다.

1단계 ────

1 요크 부분은 모델 1과 같다.

2 스커트에서 외주름 위치를 정하고
　절개한다.

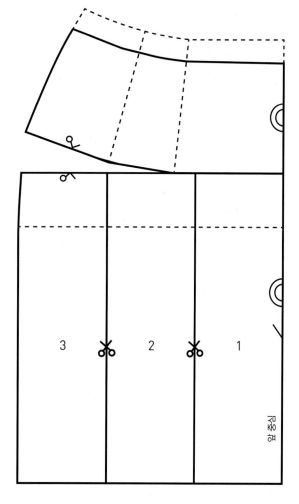

3 원하는 주름 깊이의 2배 분량을 벌려준다(《패션 섬유 조형 예술》 p. 110 참조).

4 요크와 스커트 2개의 패턴으로 분리해 베껴낸다.

5 식서선과 곬 표시 등 필요한 사항을 기록한다.

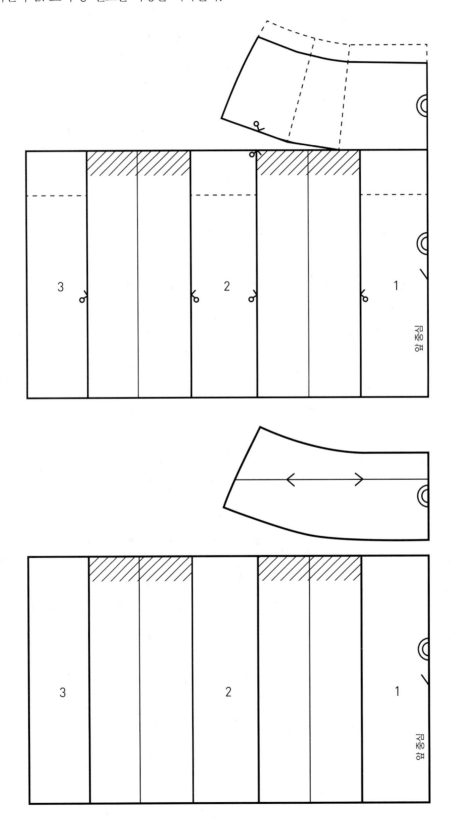

모델
4

요크, 맞주름 스커트

준비 3주 모델 1의 패턴을 준비한다.

1단계

1 요크 부분은 모델 1과 같다.
2 스커트에서 맞주름 위치를 정하고
   절개한다.

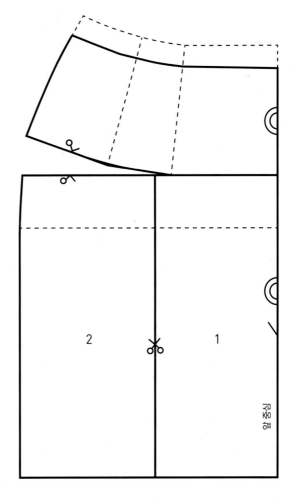

3 원하는 주름 깊이의 4배 분량을 벌려준다. 앞 중심은 곬선이므로 2배만 한다.

4 요크와 스커트 2개의 패턴으로 분리해 베껴낸다.

5 식서선과 곬 표시 등 필요한 사항을 기록한다.

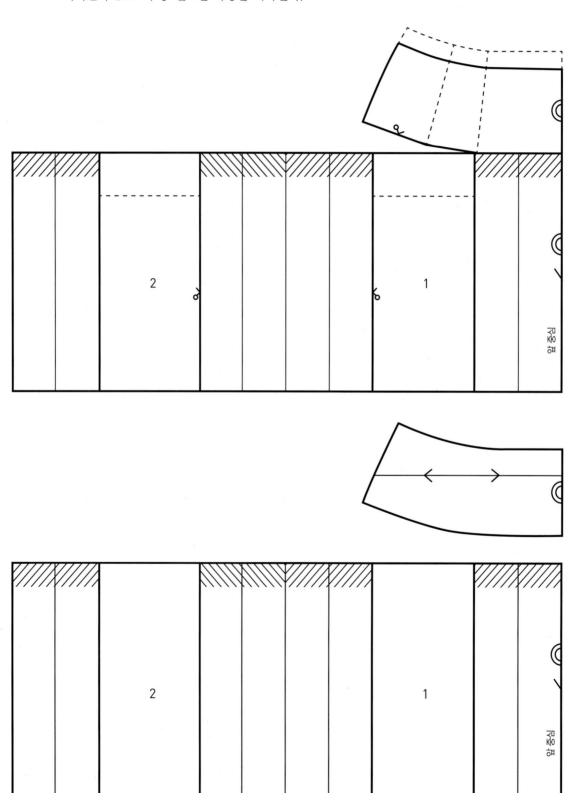

요크, 개더 스커트

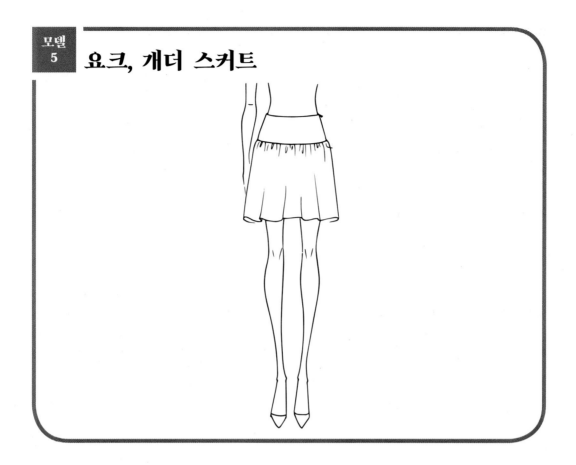

준비 3주 모델 1의 패턴을 준비한다.

1 요크 부분은 모델 1과 같다.

2 스커트 앞 중심에 개더 분량을 추가한다.

   디자인과 소재에 따라 2배 이상 추가할 수 있다(《패션 섬유 조형 예술》 p. 21 참조).

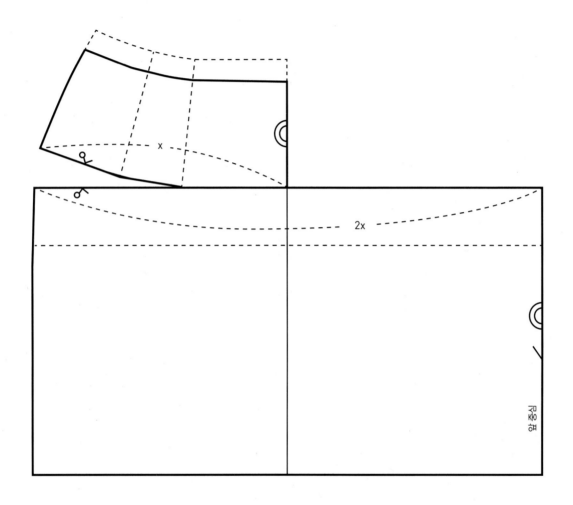

3 요크와 스커트 2개의 패턴으로 분리해 베껴낸다.

4 식서선과 곬 표시 등 필요한 사항을 기록한다.

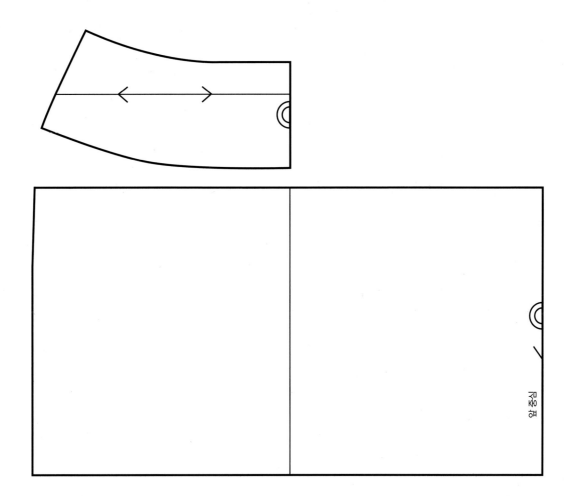

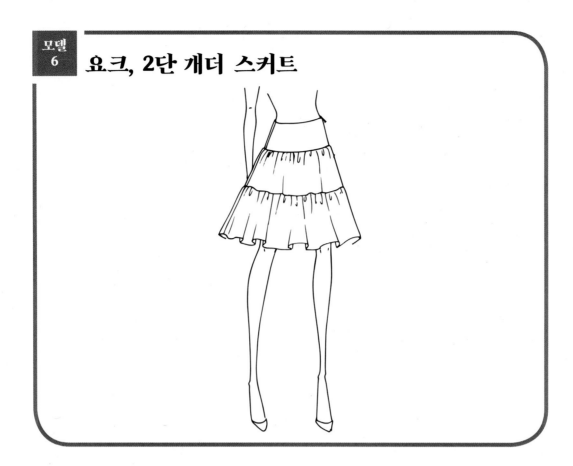

모델 6 요크, 2단 개더 스커트

준비 3주 모델 1의 패턴을 준비한다.

1단계 ————————————

1 요크 부분은 모델 1과 같다.

2 스커트에서 횡단 절개선의 위치를 정
　하고 자른다.

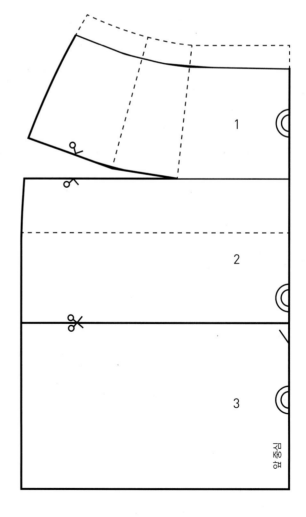

3 2번 패턴 작업: 요크선과 연결하는 부분이므로 요크선의 치수를 잰 후 원하는 개더 분량을 추
   가해 패턴을 완성한다. 여기서는 3배 분량으로 작업했다.

4 3번 패턴 작업: 2번 패턴과 연결하는 부분이므로 2번 패턴의 치수를 잰 후 원하는 개더 분량을
   추가해 패턴을 완성한다. 여기서는 3배 분량으로 작업했다.

5 요크와 스커트 3개의 패턴으로 분리해 베껴낸다.

6 식서선과 곬 표시 등 필요한 사항을 기록한다. 식서 방향에 유의한다.

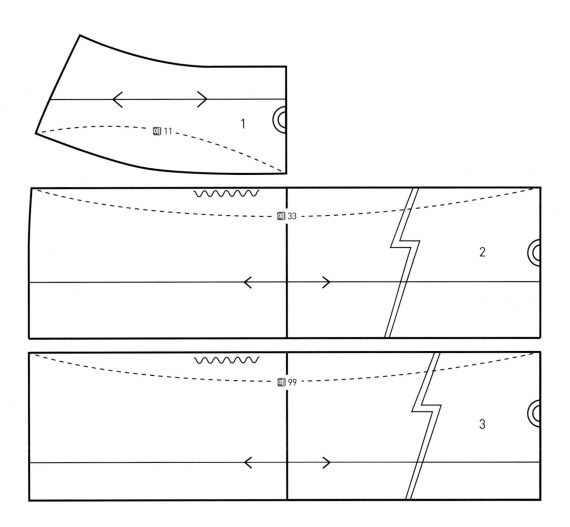

요크, 2단 플레어 스커트

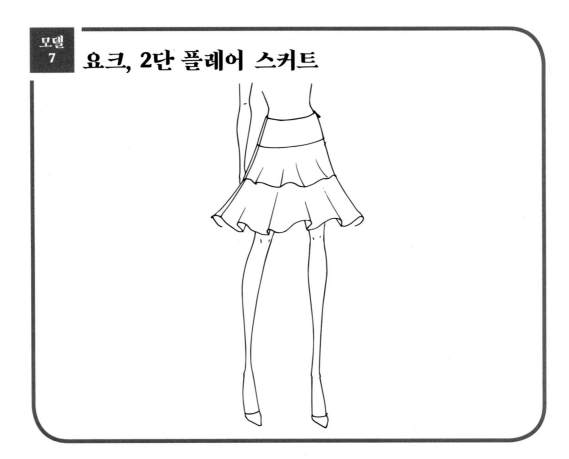

준비 3주 모델 1의 패턴을 준비한다.

1단계

1 요크 부분은 모델 1과 같다.

2 스커트에서 횡단 절개선의 위치를 정한다.

3 2번 패턴에서 플레어의 위치를 정하고 절개한다.

2단계

4 2번 패턴 완성: 원하는 플레어의 분량만큼 밑단을 벌려준다.

밑단의 치수 x를 측정한다.

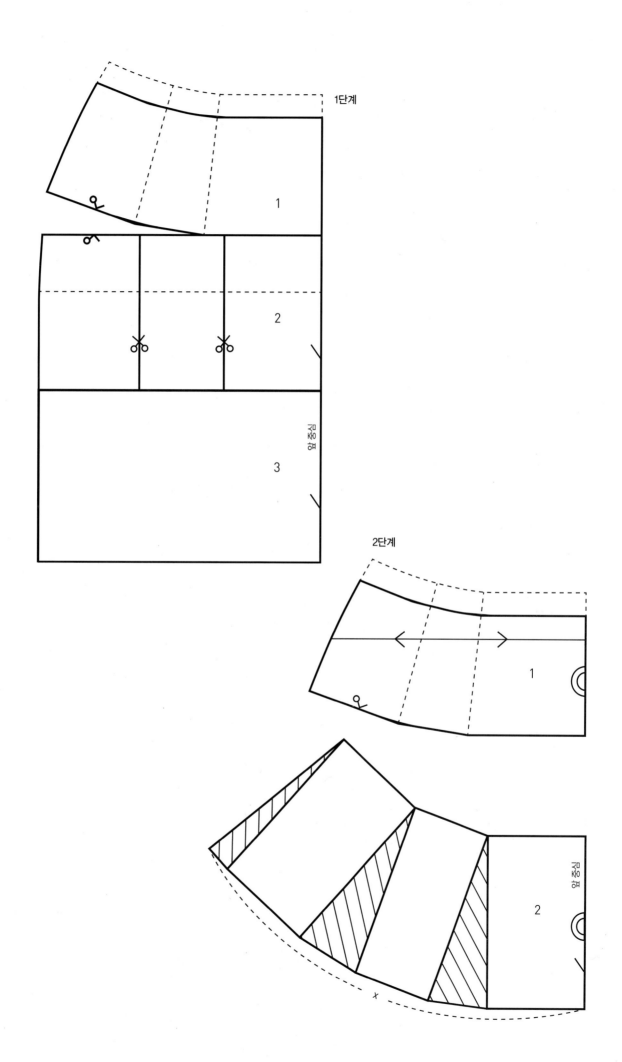

1단계

1

2

3

허리둘레

2단계

1

허리둘레

2

3단계

5 3번 패턴 작업: 측정한 2번 패턴의 밑단 치수 x에 맞추어 1단계 작업의 3번 패턴을 늘려준다.
플레어의 위치를 정하고 절개한다.

4단계

6 3번 패턴 완성: 원하는 플레어의 분량
만큼 밑단을 벌려준다.
7 식서선과 곬 표시 등 필요한 사항을 기
록한다.

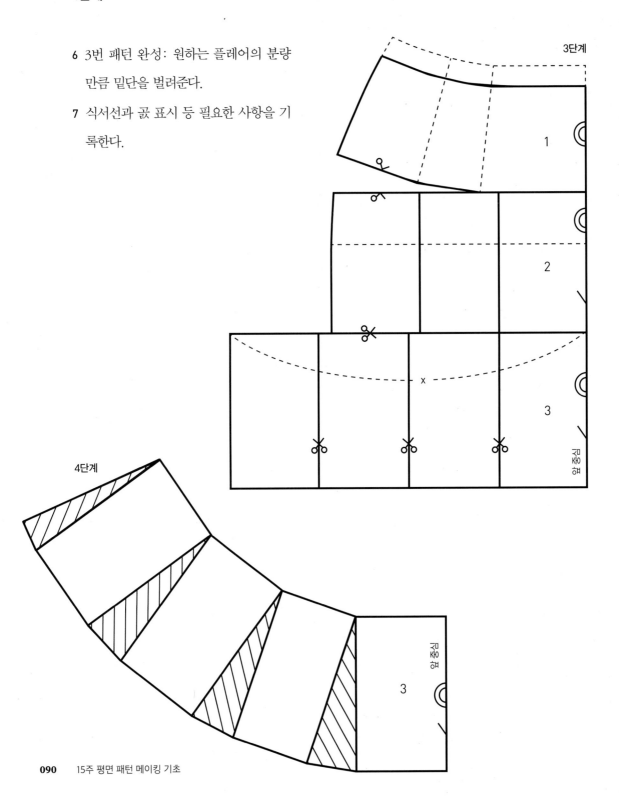

모델 8 요크, 3단 러플 스커트

준비 3주 모델 1의 패턴을 준비한다.

1 요크 부분은 모델 1과 같다.

2 스커트 길이를 정하고 보이는 러플의 길이가 같도록 3등분해 러플 끝선의 위치를 정한다(일점 쇄선).

3 보이지 않는 안쪽 바닥선의 위치를 정한다.

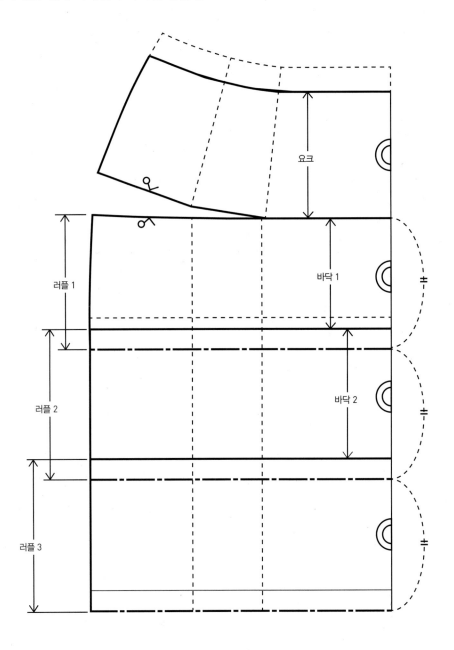

4 요크, 바닥 1, 바닥 2, 러플 1, 러플 2와 3 등 5개의 패턴으로 분리해 베껴낸다.

5 각각의 러플에 원하는 개더 분량을 추가한다. 여기서는 3배 분량으로 작업했다.

6 식서선과 곬 표시 등 필요한 사항을 기록한다.

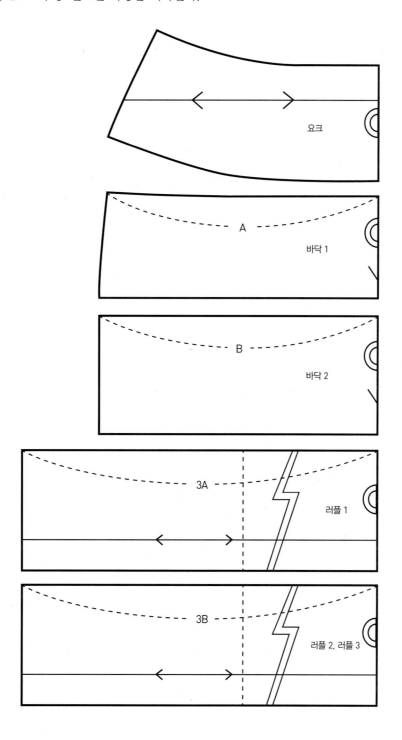

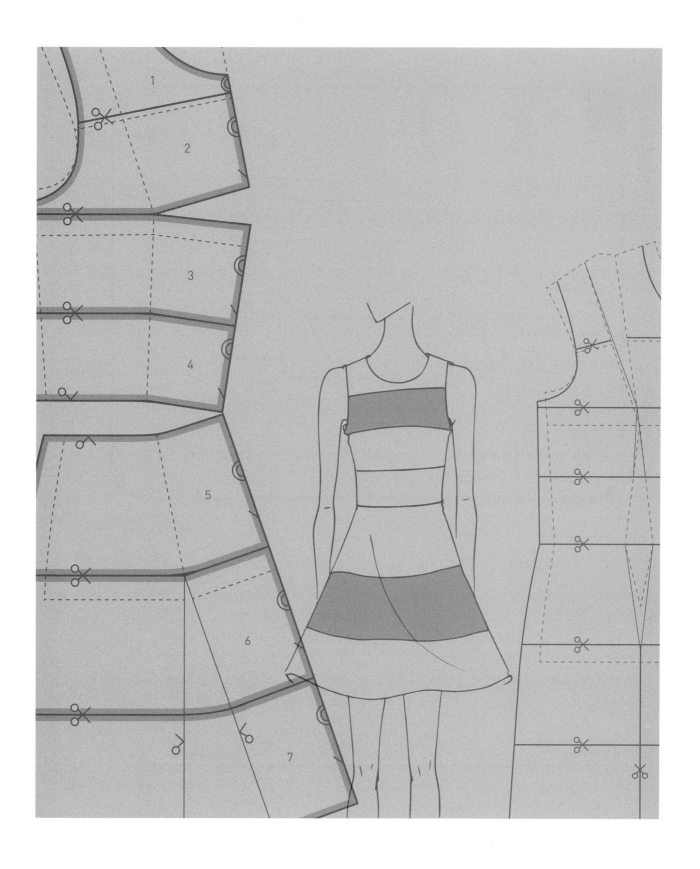

4주 스커트 기본 원형 활용 3

: 종단 절개선과 '무'에 대한 이해

6쪽 타이트 스커트

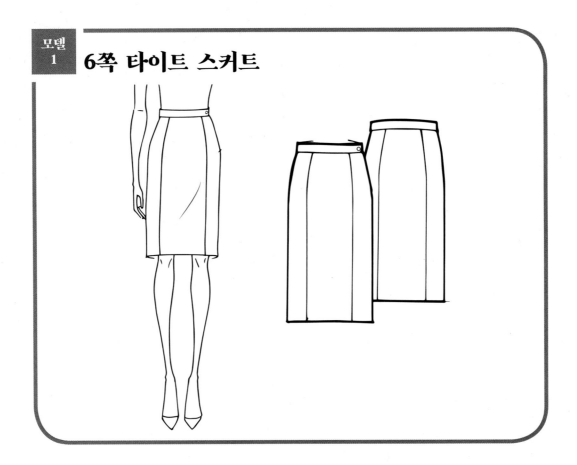

준비 스커트 기본 원형을 베껴놓는다.

1단계

1 디자인에 따라 외곽 볼륨을 정한다.

- 허리선의 위치를 정한다.

  벨트가 있는 디자인이므로 벨트 너비의 1/2만큼 내려서 허리선을 그린다.

- 옆 허리선, 옆 엉덩이선에서 디자인에 따라 볼륨을 가감한다. 여기서는 원형을 유지했다.

- 스커트 길이를 정한다.

2 디자인에 따라 종단 절개선의 위치를 정한다.

뒤판

4   3

앞판

2   1

3 절개선 위치로 허리 다트를 이동한다.

　다트를 접어서 닫고 조화로운 곡선으로 허리선을 다시 그린다.

4 식서선과 곬 표시 등 필요한 사항을 기록한다.

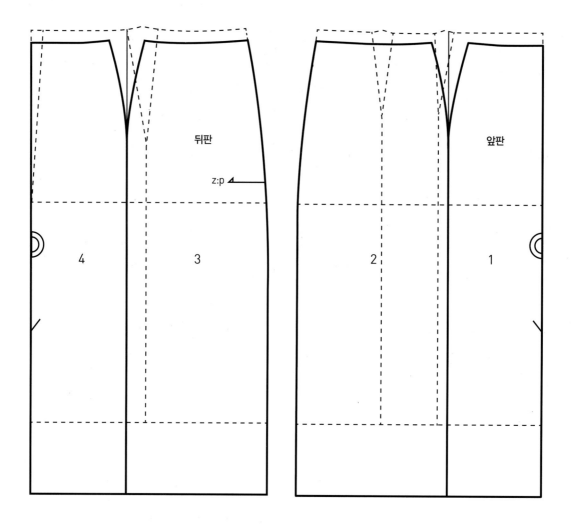

모델 2 무릎 덧댄 6쪽 스커트

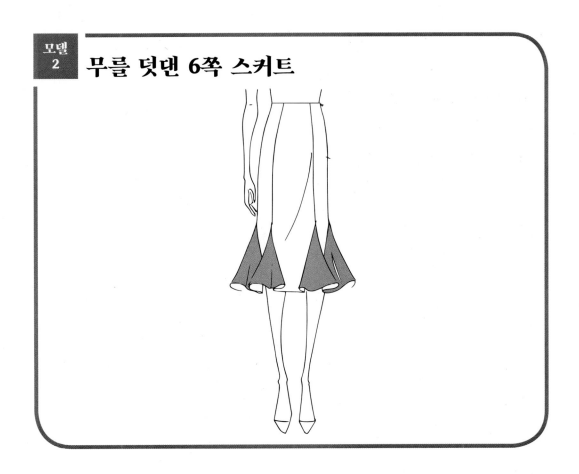

준비 4주 모델 1을 참조해 종단 절개선의 쪽 스커트를 구성한다.

1 디자인에 따라 무의 위치를 표시한다.

2 무의 패턴을 따로 제도한다.

3 식서선과 곬 표시 등 필요한 사항을 기록한다.

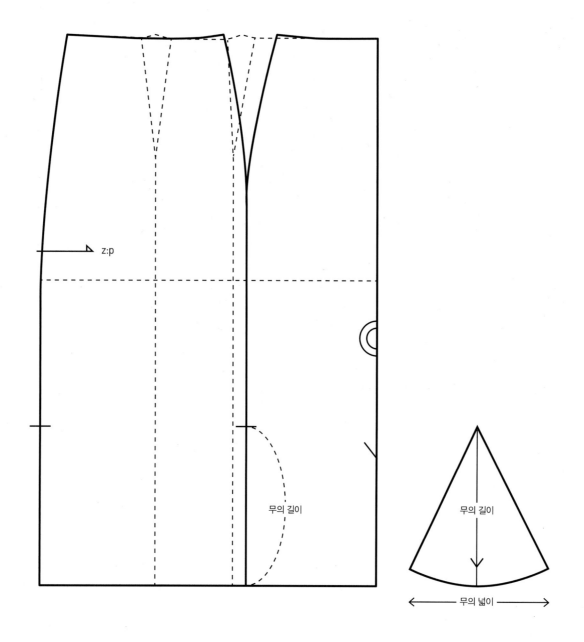

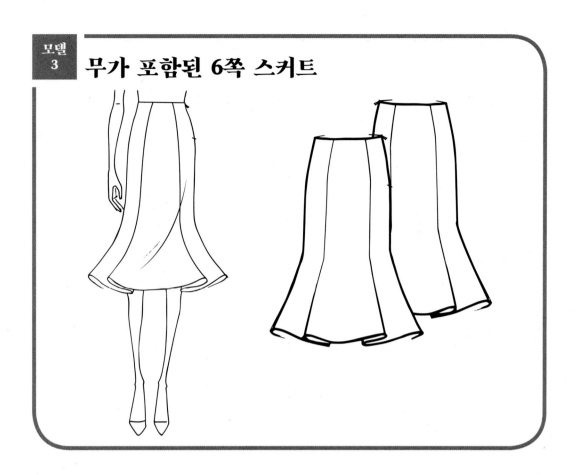

모델 3 무가 포함된 6쪽 스커트

준비 스커트 기본 원형 앞뒤 판의 옆선을 붙여서 그려둔다.

(6쪽 크기를 균등하게 작업하려고 한다.)

원하는 경우 옆 허리선, 옆 엉덩이선에서 디자인에 따라 볼륨을 가감하고 옆선을 붙여서 준비한다.

1 균등한 6쪽의 스커트를 만들기 위해 옆선과 절개선의 위치를 정한다.

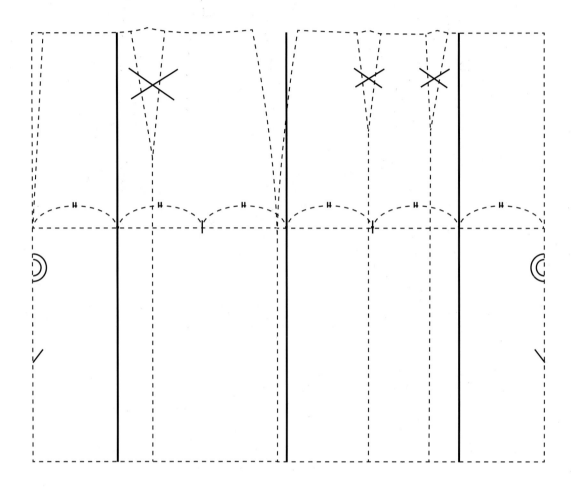

2 옆 곡선의 모양을 유지하면서 옆선을 이동한다.

  절개선 위치로 다트를 이동한다.

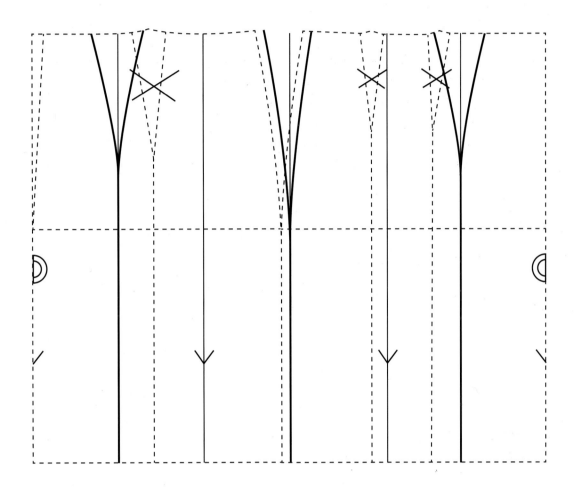

3 다트를 접어서 닫고 허리선을 정리한다.

4 무의 위치를 표시하고 무의 패턴을 제도한다. 패턴이 겹친 상태다.

5 앞뒤 판 구분을 위해 너치 표시를 한다.

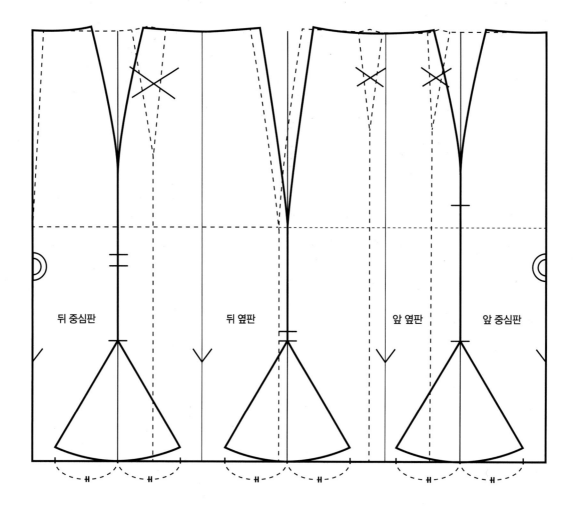

6 다트를 제외하고 무가 포함된 패턴을 분리해 베껴낸다.

7 식서선과 곬 표시 등 필요한 사항을 기록한다.

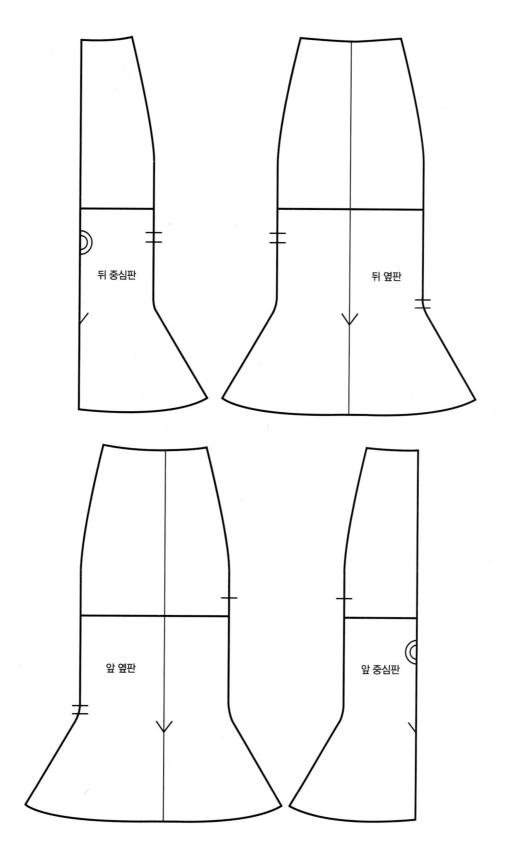

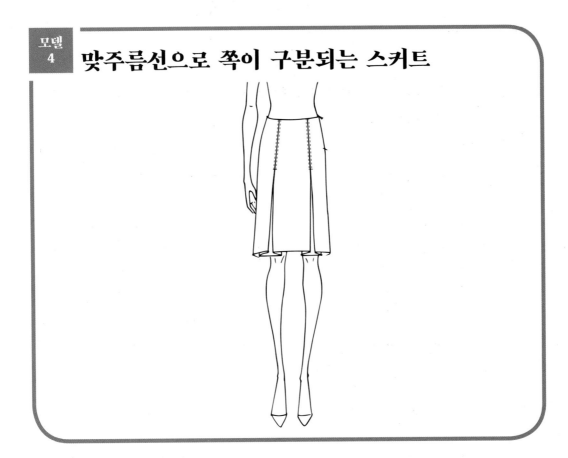

모델 4 맞주름선으로 쪽이 구분되는 스커트

준비 4주 모델 1의 앞판 패턴을 준비한다.

1단계 ───────

1 절개선 위치를 잘라 앞 중심판과 앞 옆판
  을 분리한다.

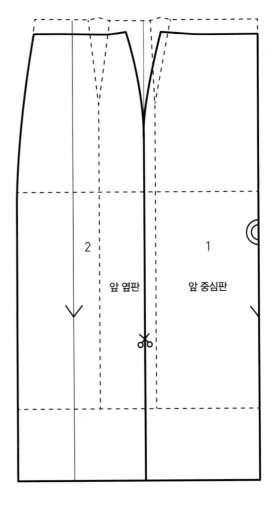

2 원하는 주름 깊이의 4배 분량을 벌려주고 패턴을 완성한다.

　주름을 접고 허리선을 완성한다.

3 식서선과 곬 표시 등 필요한 사항을 기록한다.

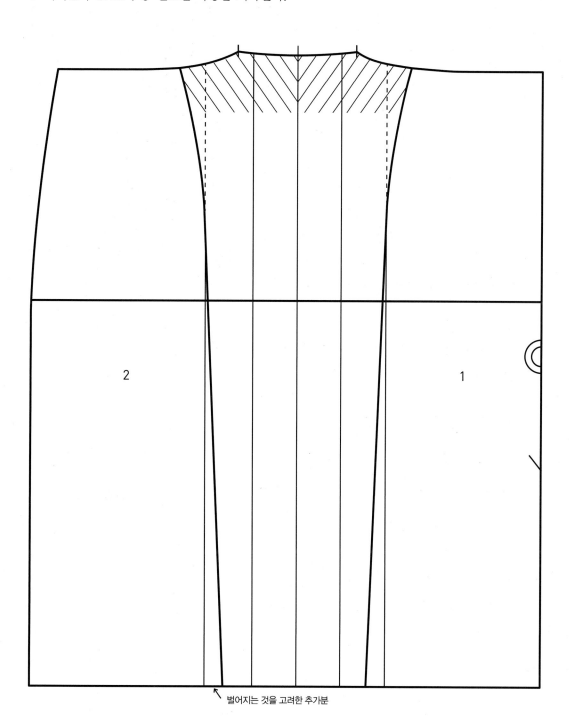

벌어지는 것을 고려한 추가분

모델 5	하이웨이스트 6쪽 스커트

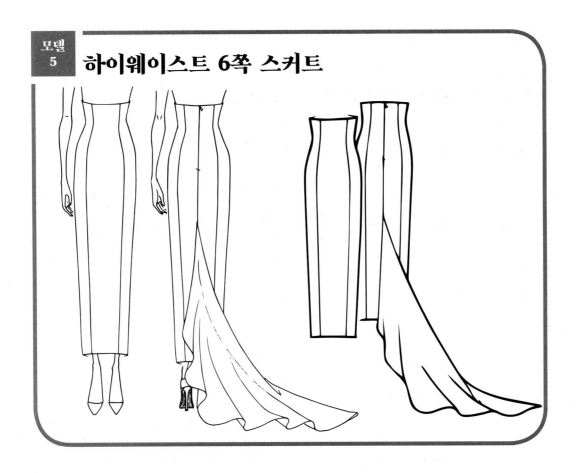

준비 상의와 스커트 기본 원형의 허리선을 붙여서 베껴놓는다(p. 45 참조).

(상의는 가슴선 아랫부분만 필요하다.)

1 디자인에 따라 외곽 볼륨을 정한다.

- 디자인에 따라 하이웨이스트선의 위치를 정한다.

- 옆 허리선, 옆 엉덩이선에서 디자인에 따라 볼륨을 가감한다. 여기서는 원형을 유지했다.

- 스커트 길이를 정한다.

2 디자인에 따라 종단 절개선의 위치를 정한다(4주 모델 1 참조).

3 절개선 위치로 다트를 이동한다(4주 모델 1 참조).

4 밑단이 좁아지도록 밑단도 줄여준다.

다트를 접고 허리선을 그린다.

5 무의 위치를 정한다.

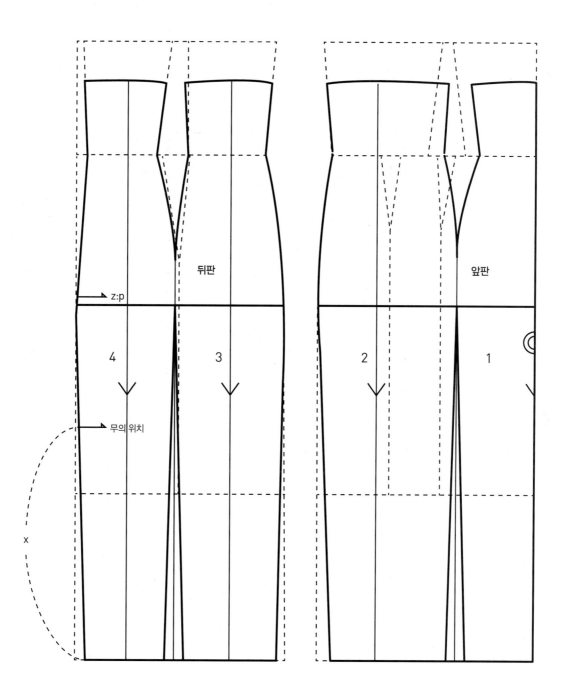

뒤판

앞판

z:p

4

3

2

1

무의 위치

x

6 무의 패턴을 따로 제도한다.

7 식서선과 곬 표시 등 필요한 사항을 기록한다.

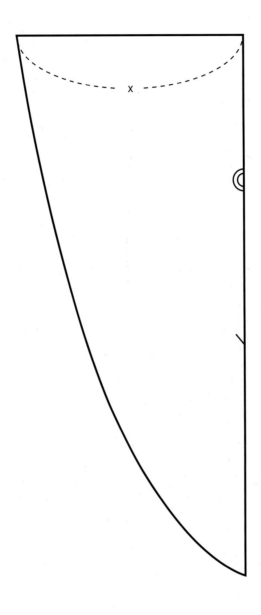

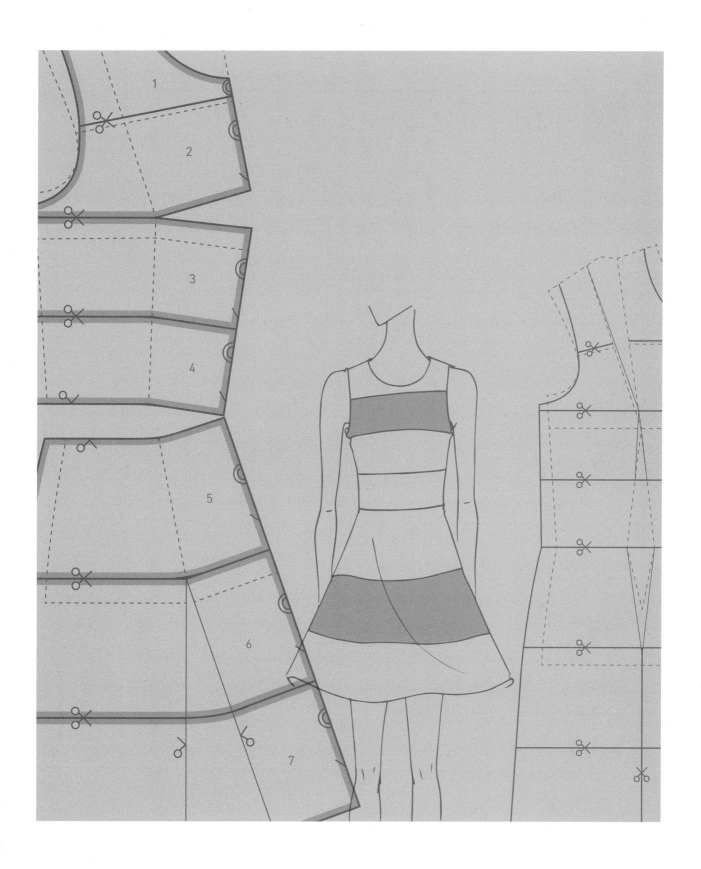

5주 스커트 기본 원형 활용 4

: 횡단과 종단 절개선의 응용

횡단과 종단 절개선 연결 타이트 스커트

준비 스커트 기본 원형 앞판을 베껴놓는다.

1단계

1 디자인에 따라 외곽 볼륨을 정한다.

- 허리선의 위치를 정한다.

  디자인에 따라 낮은 허리선을 그린다.

- 옆 허리선, 옆 엉덩이선에서 디자인에 따라 볼륨을 가감한다. 여기서는 원형을 유지했다.

- 스커트 길이를 정한다.

2 디자인에 따라 절개선의 위치를 정하고, 절개선과 만나는 점으로 다트를 이동한다.

3 절개선을 따라 자르고, 다트를 접어 없앤다.

4 앞 중심판과 앞 옆판을 분리해 베껴낸다. 여기서는 회색 아우트라인으로 표시했다.

5 식서선과 곬 표시 등 필요한 사항을 기록한다.

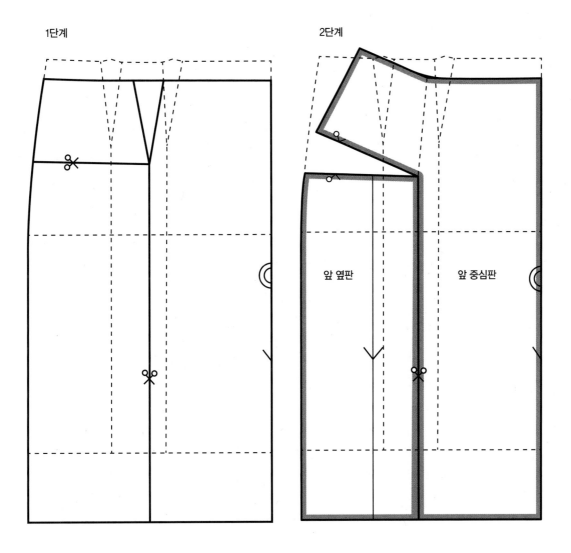

1단계

2단계

앞 옆판

앞 중심판

옆판 외주름 스커트

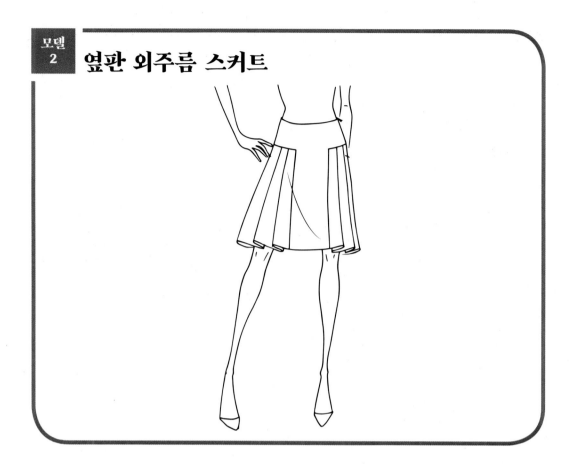

준비 5주 모델 1의 패턴을 준비한다.

1단계

1 앞 중심판은 5주 모델 1과 같다.

2 디자인에 따라 앞 옆판에서 외주름의 위치
  를 정하고 절개한다.

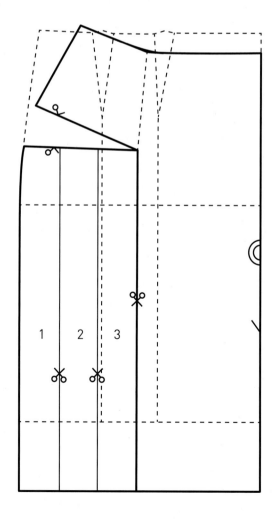

3 원하는 주름 깊이의 2배 분량을 벌려준다.

   뒤판과 만나는 옆선은 주름 깊이를 한 번만 준다.

4 앞 중심판과 앞 옆판을 분리해 베껴낸다.

5 식서선과 곬 표시 등 필요한 사항을 기록한다.

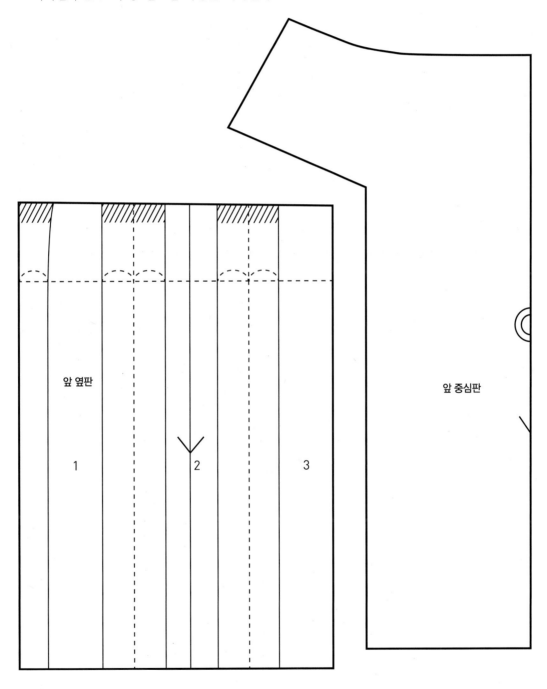

모델 3 옆판 개더 스커트

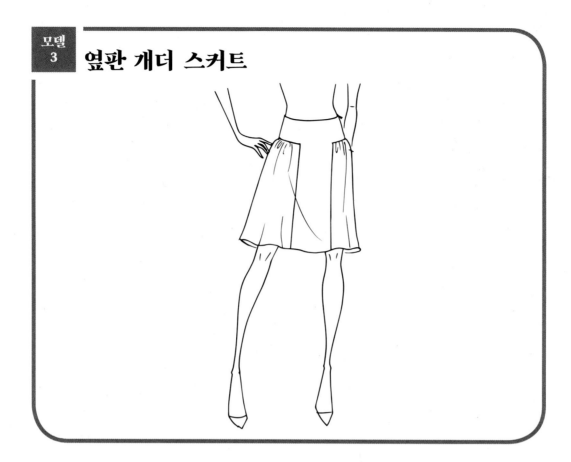

준비 5주 모델 1의 패턴을 준비한다.

1단계

1 앞 중심판은 5주 모델 1과 같다.

2 앞 옆판의 길이 x를 잰 후 절개선을 따라
  자른다.

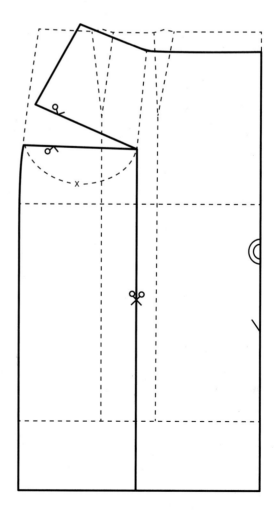

3 원하는 개더 분량을 추가한다. 여기서는 치수를 2배로 했으나 소재의 두께나 디자인에 따라 더 많은 양을 줄 수도 있다(《패션 섬유 조형 예술》 p. 21 참조).

4 앞 중심판과 앞 옆판으로 패턴을 분리해 베껴낸다.

5 식서선과 곬 표시 등 필요한 사항을 기록한다.

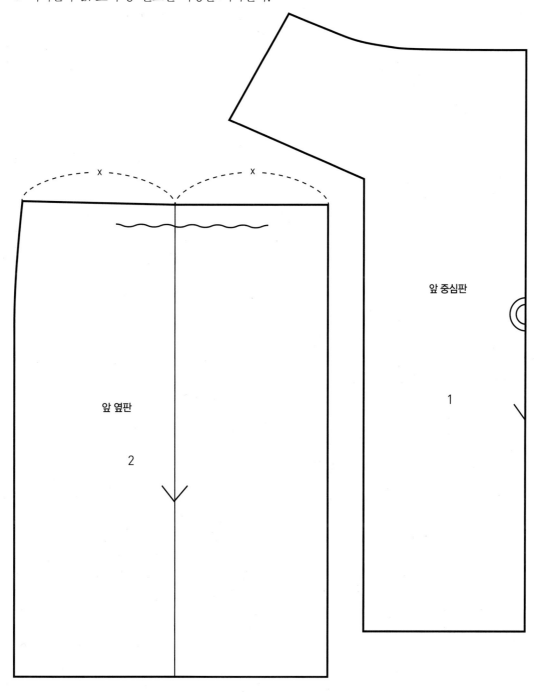

햇살주름의 무릎 덧댄 곡선 절개선 스커트

준비 스커트 기본 원형 앞판을 베껴놓는다.

1단계

1 디자인에 따라 외곽 볼륨을 정한다.

 • 허리선의 위치를 정한다.

 디자인에 따라 낮은 허리선을 그린다.

 • 옆 허리선, 옆 엉덩이선에서 디자인에 따라 볼륨을 가감한다. 여기서는 원형을 유지했다.

 • 스커트 길이를 정한다.

2 디자인에 따라 절개선의 위치를 정하고, 절개선과 만나는 점으로 다트를 이동한다.

 무의 위치도 표시한다.

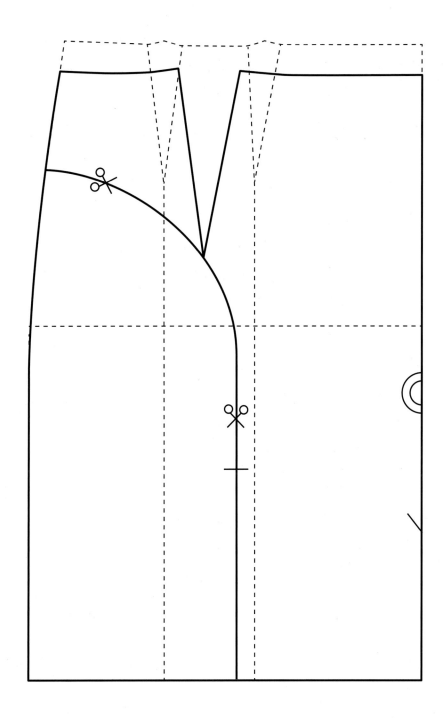

3 절개선을 따라 자르고, 다트를 접어 없앤다.

4 앞 중심판과 앞 옆판을 분리해 베껴낸다. 여기서는 회색 아우트라인으로 표시했다.

5 식서선과 곬 표시 등 필요한 사항을 기록한다.

6 무릎 제도한다(p. 100 참조).

   햇살주름이므로 원하는 크기와 개수를 정해 주름을 제도한다.

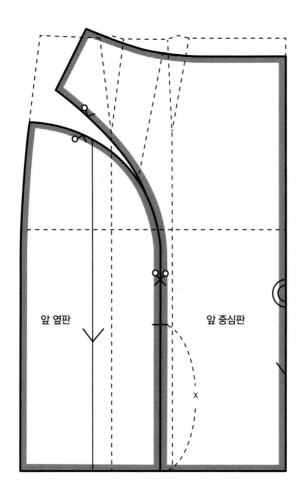

앞 옆판

앞 중심판

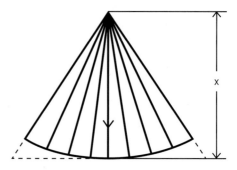

양쪽 요크, 개더 스커트

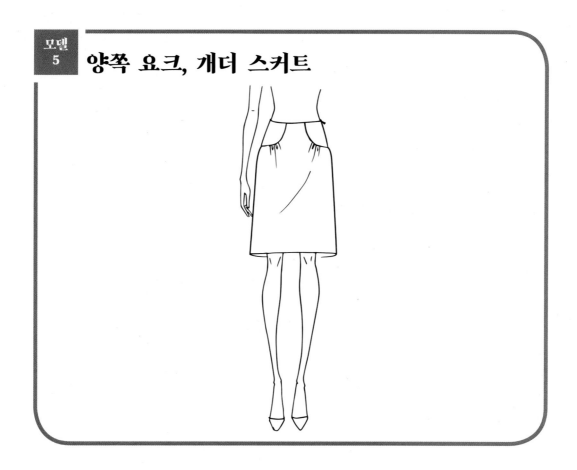

준비 스커트 기본 원형 앞판을 베껴놓는다.

1 디자인에 따라 외곽 볼륨을 정한다.

  • 허리선의 위치를 정한다.

   디자인에 따라 낮은 허리선을 그린다.

  • 옆 허리선, 옆 엉덩이선에서 디자인에 따라 볼륨을 가감한다. 여기서는 원형을 유지했다.

  • 스커트 길이를 정한다.

2 디자인에 따라 요크선의 위치를 정하고, 요크선과 만나도록 다트를 이동한다.

  개더가 위치할 부분에 접합점을 표시한다.

  개더 분량을 추가할 절개선의 위치를 정하고 자른다.

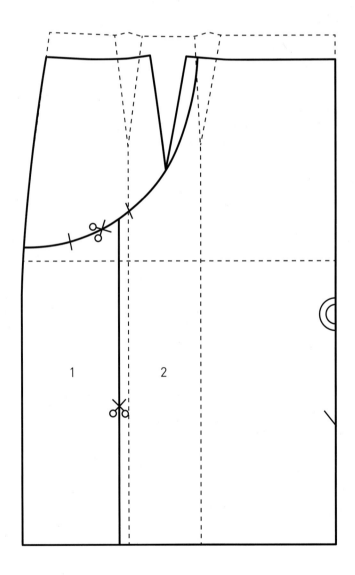

3 요크선을 따라 자르고, 다트를 접어 없앤다.

4 중심판과 요크를 분리해 베껴낸다.

5 스커트 패턴에서 원하는 개더 분량만큼 벌려주고 하나의 곡선으로 연결한다.

6 식서선과 곬 표시 등 필요한 사항을 기록한다.

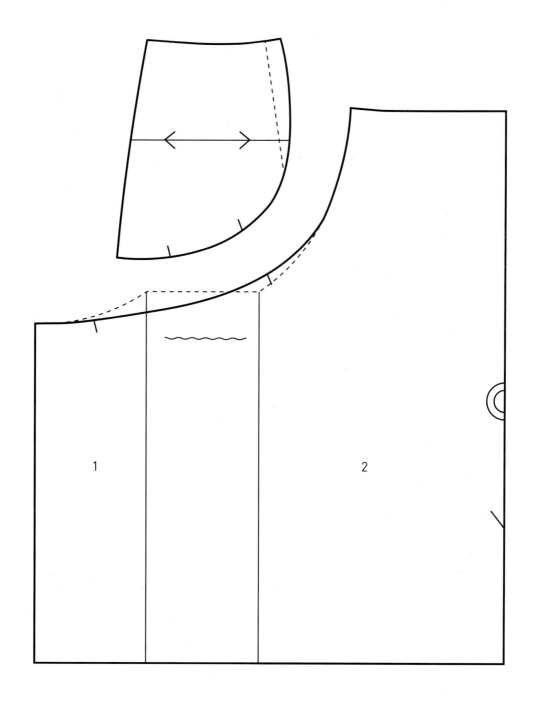

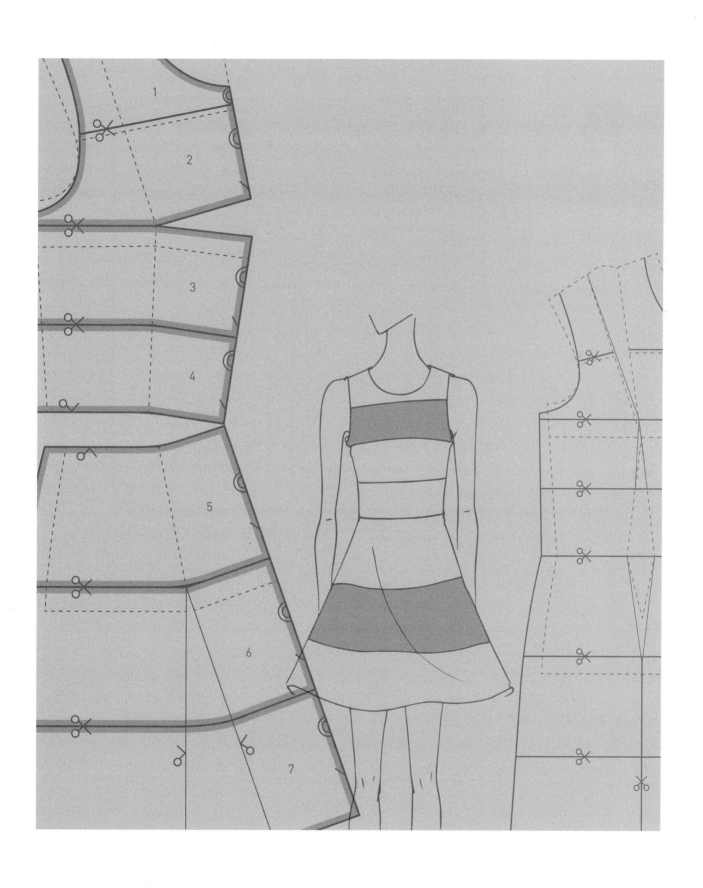

6주 바지 기본 원형 활용

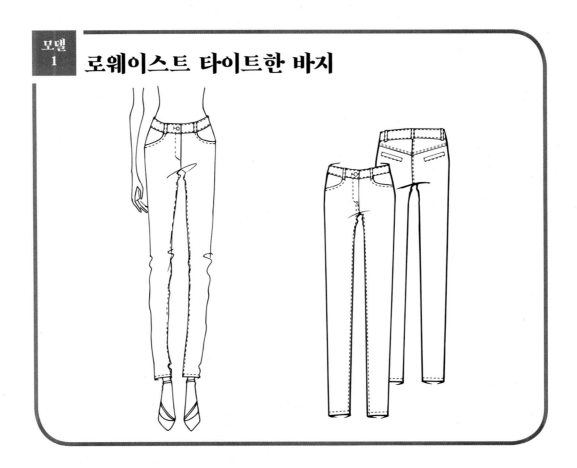

모델 1 **로웨이스트 타이트한 바지**

준비 바지 기본 원형을 베껴놓는다.

(작업 과정에서 기준 원형이 지워지지 않도록 색깔 있는 펜으로 그리길 권한다. 여기서는 점선으로 표시했다.)

뒤판

1 디자인에 따라 외곽 볼륨을 정한다.

- 낮은 허리선의 위치를 정한다. 앞뒤 판 옆선을 맞대고 그린다.

   벨트와 요크선의 위치를 정한다. 기존의 다트를 2개로 나누어놓는다.

   다트를 접어 없애고, 벨트와 요크를 따로 분리해 베껴낸다.

- 가랑이선, 무릎선 양쪽, 발목선 양쪽에서 디자인에 따라 볼륨을 가감한다.

- 바지 길이를 정한다.

2 주머니의 위치를 표시한다.

3 식서선을 표시한다.

앞판

1 디자인에 따라 외곽 볼륨을 정한다.

   • 낮은 허리선의 위치를 정한다. 앞뒤 판 옆선을 맞대고 그린다.

     벨트의 위치를 정한다. 기존의 다트를 2개로 나누어놓는다.

     다트를 접어 없애고, 벨트를 따로 분리해 베껴낸다.

   • 가랑이선, 무릎선 양쪽, 발목선 양쪽에서 디자인에 따라 볼륨을 가감한다.

   • 바지 길이를 정한다.

2 주머니의 위치를 표시한다(일점쇄선).

3 식서선을 표시한다.

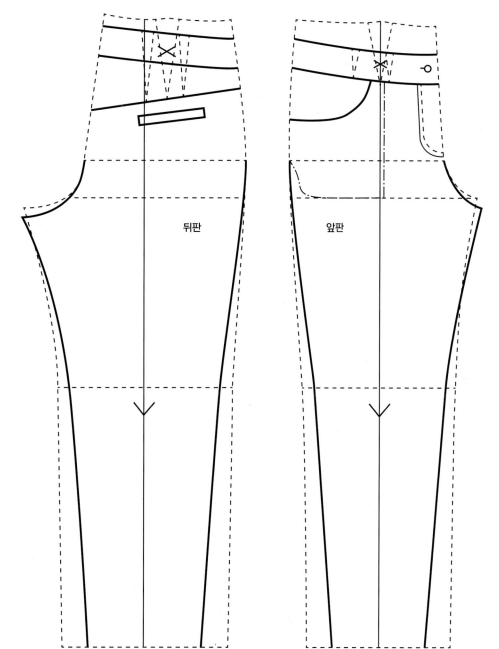

뒤판　　　　앞판

밑단이 넓은 바지

준비 바지 기본 원형 앞판을 베껴놓는다.

1단계

1 디자인에 따라 외곽 볼륨을 정한다.
- 낮은 허리선의 위치를 정한다.
- 옆 허리선, 옆 엉덩이선, 가랑이선, 무릎선 양쪽, 발목선 양쪽에서 디자인에 따라 볼륨을 가감한다.
- 바지 길이를 정한다. 앞 중심 절개선의 위치를 정하고 자른다.

2단계

2 디자인에 따라 허리 다트를 밑단으로 이동한다.

3 식서선을 표시한다.

1단계

2단계

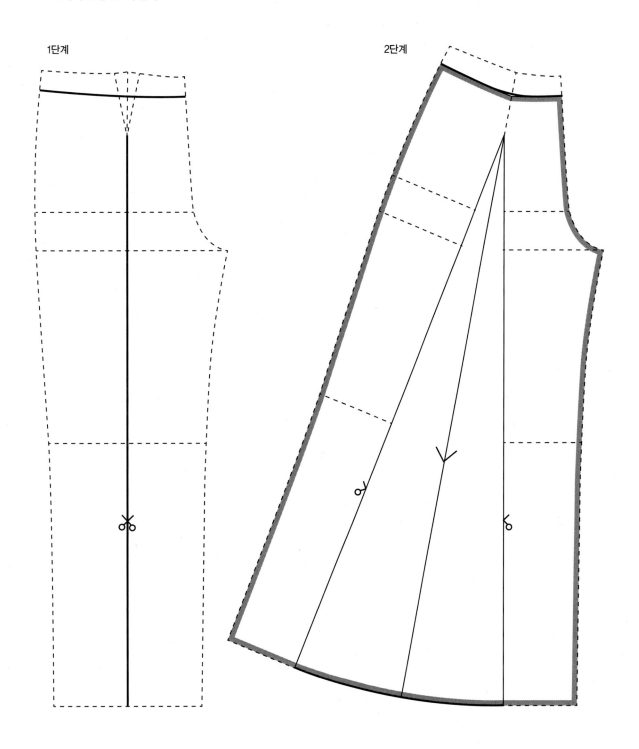

할렘 바지

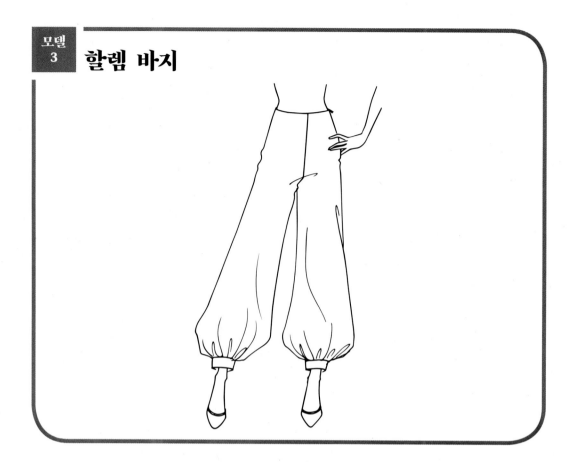

준비 6주 모델 2의 패턴을 준비한다.

1단계 ────────────────────────────────

1 디자인에 따라 플레어의 위치를 정하고 절개한다.

2단계 ────────────────────────────────

2 원하는 플레어의 분량만큼 벌려주고 밑단을 마무리한다.

3 발목 밴드를 제도한다.

4 식서선을 표시한다.

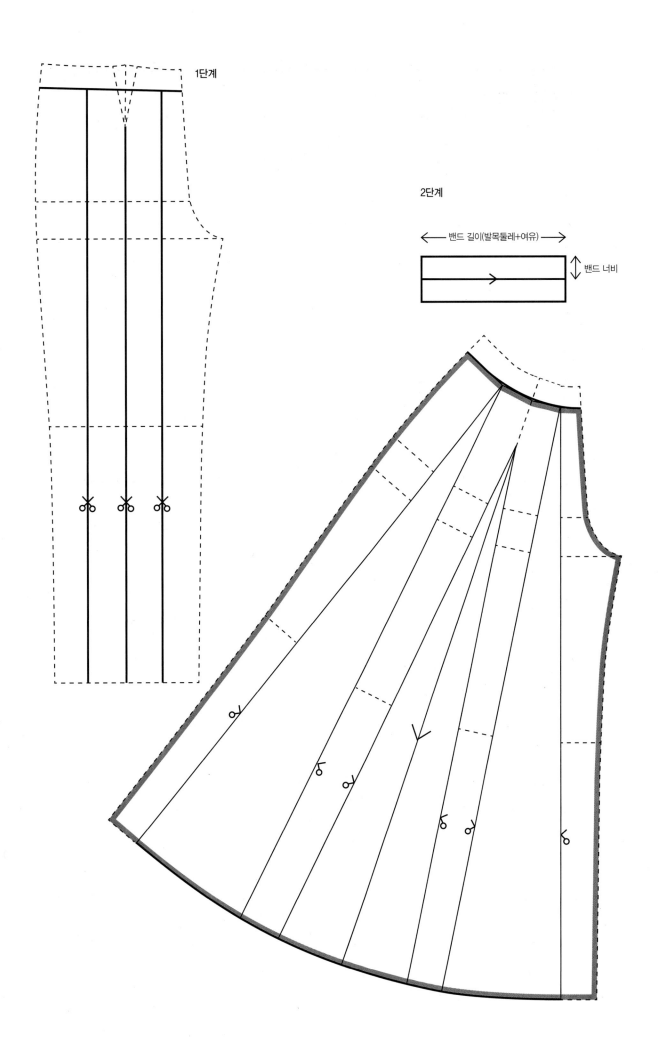

1단계

2단계

←──── 밴드 길이(발목둘레+여유) ────→

밴드 너비

배기 바지

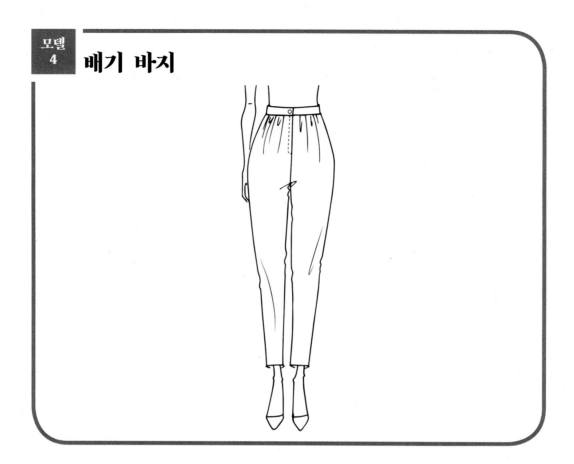

준비 바지 기본 원형 앞판을 베껴놓는다.

1단계

1 디자인에 따라 외곽 볼륨을 정한다.

- 허리선의 위치를 정한다.

- 옆선, 무릎선 양쪽, 발목선 양쪽에서 디자인에 따라 볼륨을 가감한다.

- 바지 길이를 정한다.

2 디자인에 따라 허리 개더 분량을 추가할 절개선의 위치를 정하고 자른다.

2단계

3 원하는 개더 분량만큼 벌려주고 허리선을 마무리한다.

4 벨트를 제도한다(p. 54 참조).

5 식서선을 표시한다.

1단계

2단계

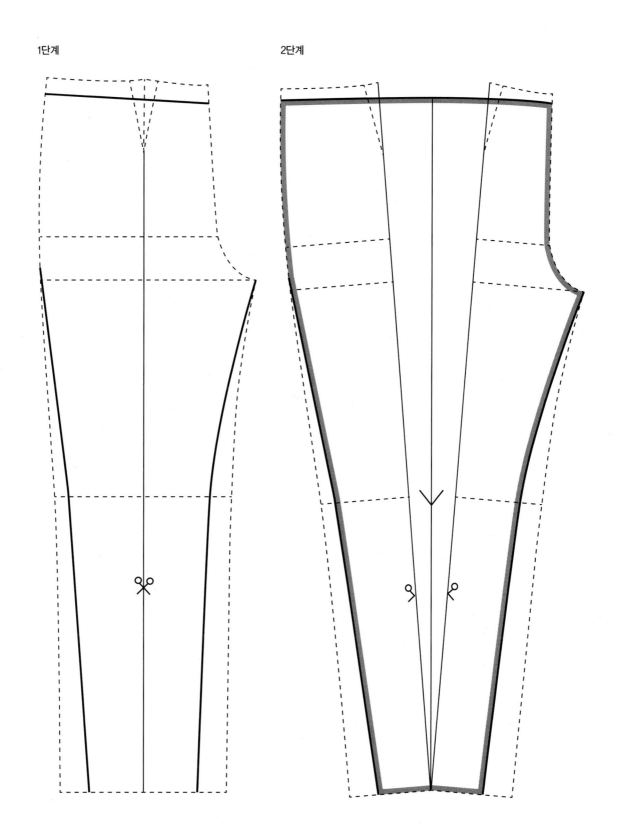

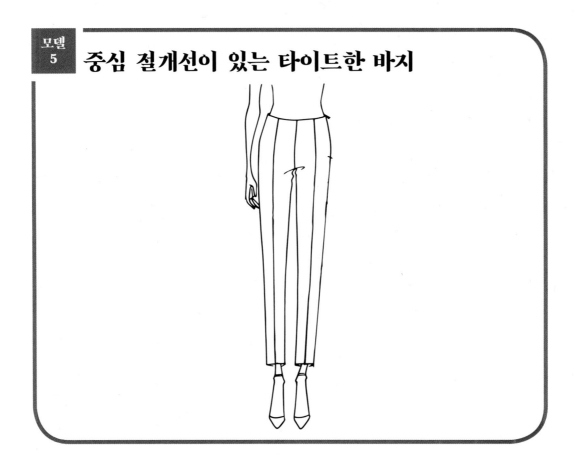

모델 5 · 중심 절개선이 있는 타이트한 바지

준비 바지 기본 원형을 베껴놓는다.

1단계

1 디자인에 따라 외곽 볼륨을 정한다.

  • 낮은 허리선의 위치를 정한다.

  • 옆선, 가랑이선, 무릎선 양쪽, 발목선 양쪽에서 디자인에 따라 볼륨을 가감한다.

  • 바지 길이를 정한다.

2 디자인에 따라 절개선의 위치를 정한다.

3 절개선 위치로 다트를 이동한다

4 다트를 제외하고 앞 중심판과 앞 옆판을 분리해 베껴낸다.

5 각각의 패턴에 식서선을 표시한다.

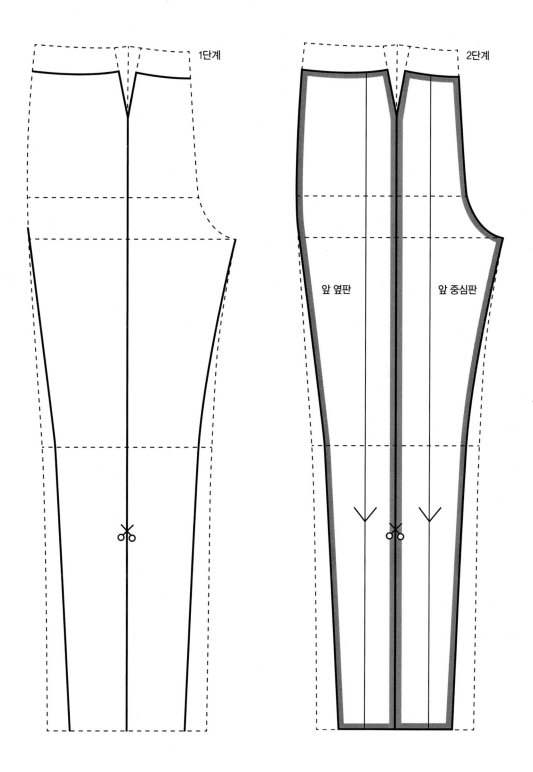

모델 6 중심 절개선이 있는 나팔바지

준비 바지 기본 원형을 베껴놓는다.

1단계

1 디자인에 따라 외곽 볼륨을 정한다.

- 낮은 허리선의 위치를 정한다.
- 중심 절개선의 위치를 정한다.
- 옆선, 가랑이선, 중심선, 무릎선 양쪽, 발목선 양쪽에서 디자인에 따라 볼륨을 가감한다.
- 바지 길이를 정한다.

2단계

2 밑단에서 필요한 무를 제도한다(p. 104 참조).

3 다트를 제외하고 앞 중심판과 앞 옆판으로 분리해 베껴
  낸다.

4 각각의 패턴에 식서선을 표시한다.

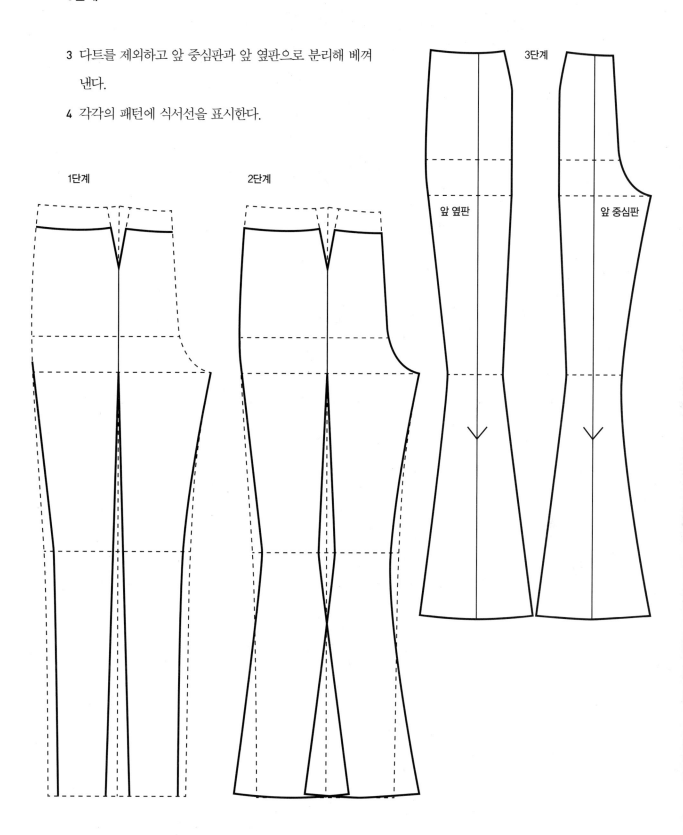

1단계

2단계

3단계

앞 옆판

앞 중심판

모델 7 옆 곡선 절개선이 있는 타이트한 바지

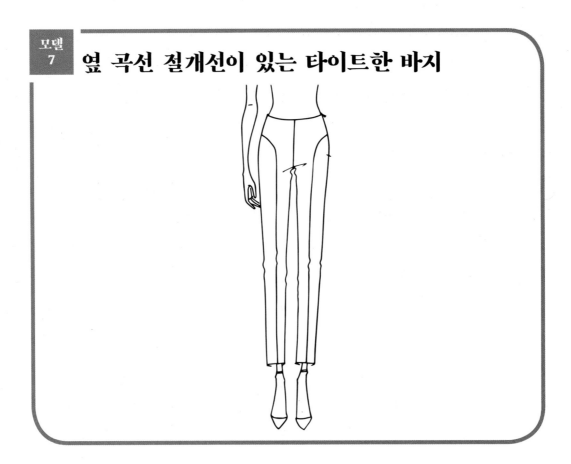

준비 바지 기본 원형을 베껴놓는다.

1단계 ─────────────────────────

1 디자인에 따라 외곽 볼륨을 정한다.

- 낮은 허리선의 위치를 정한다.
- 옆 허리선, 옆 엉덩이선, 가랑이선, 무릎선 양쪽, 발목선 양쪽에서 디자인에 따라 볼륨을 가감한다.
- 바지 길이를 정한다.

2 디자인에 따라 절개선의 위치를 정한다.

3 기존의 다트를 2개로 나누어놓는다. 절개선과 다트의 끝점이 만나도록 한다.

4 절개선을 따라 자르고, 2개의 다트는 접어 없앤다.

5 앞 중심판과 앞 옆판을 분리해 베껴낸다.

6 각각의 패턴에 식서선을 표시한다.

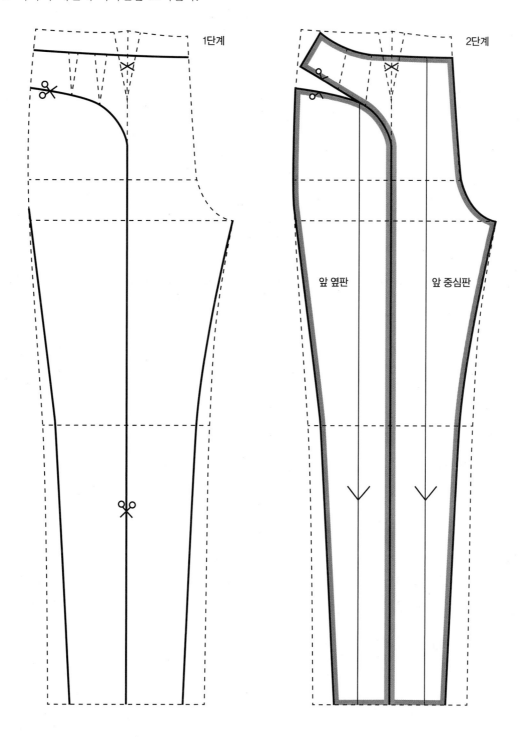

모델 8 — 3단 러플 밑단 바지

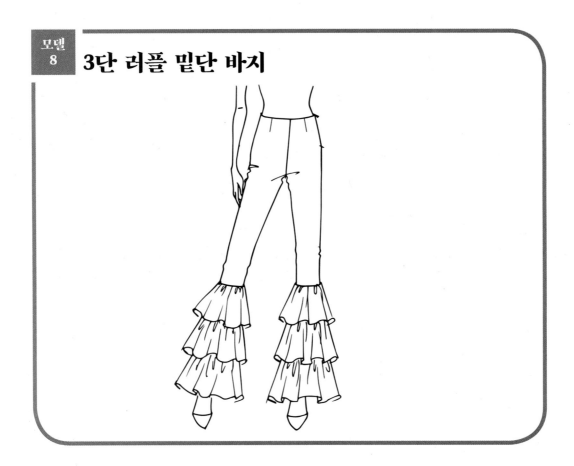

준비 바지 기본 원형을 베껴놓는다.

1단계

1 디자인에 따라 외곽 볼륨을 정한다.

   - 낮은 허리선의 위치를 정한다.
   - 옆 허리선, 옆 엉덩이선, 가랑이선, 무릎선 양쪽, 발목선 양쪽에서 디자인에 따라 볼륨을 가감한다.
   - 바지 길이를 정한다.

2 보이는 러플의 길이가 같도록 러플 끝선의 위치를 정한다.

3 보이지 않는 안쪽 바닥선의 위치를 정한다.

4 바닥 패턴과 러플 패턴을 분리해 베껴낸다.

5 각각의 러플에 개더 분량을 추가해 패턴을 완성한다.

6 각각의 패턴에 식서선을 표시한다.

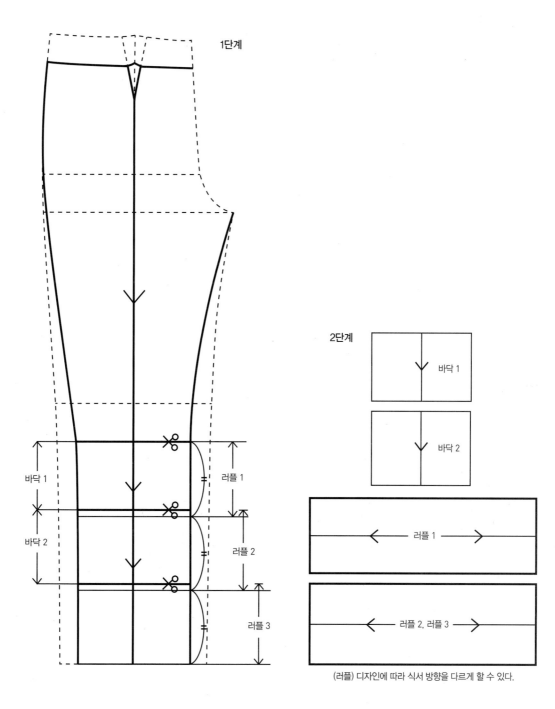

(러플) 디자인에 따라 식서 방향을 다르게 할 수 있다.

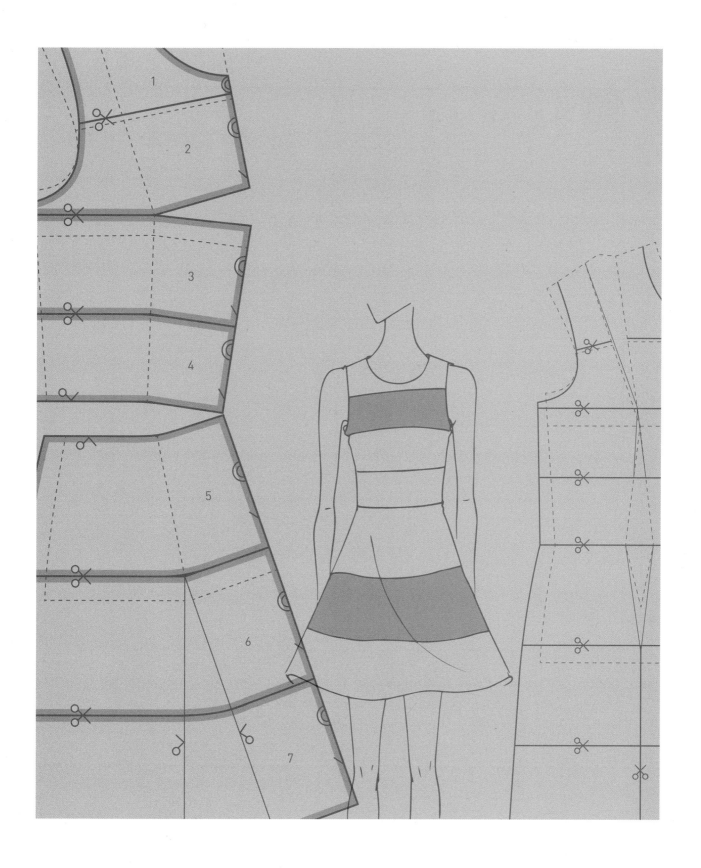

7주 상의 기본 원형 활용 1

: 다트, 다트 이동, 플레어에 대한 이해

모델 1 암홀 다트 상의

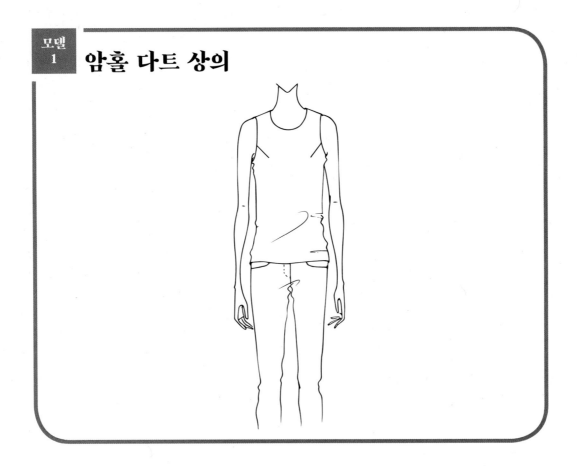

준비 상의와 스커트 기본 원형의 허리선을 붙여서 베껴놓는다.

(작업 과정에서 기준 원형이 지워지지 않도록 색깔 있는 펜으로 그리길 권한다. 여기서는 점선으로 표시했다.)

1단계

1 디자인에 따라 외곽 볼륨을 정한다.

- 목둘레선을 정한다.

- 어깨 길이를 정한다.

- 겨드랑이점에서 암홀의 깊이를 내려주고, 볼륨을 더해준다

- 옆 허리선, 옆 엉덩이선에서 볼륨을 더해준다.

- 옷 길이를 정한다.

2 디자인에 따라 암홀 다트의 위치를 정하고 자른다. 이때 어깨 다트 끝점까지 자른다.

3 어깨 다트를 접어 없앤다.

4 길이에 맞추어 암홀 다트를 그린다.

5 암홀 다트를 접고 룰렛을 이용해 다트 머리 부분을 완성한다.

6 식서선과 곬 표시 등 필요한 사항을 기록한다.

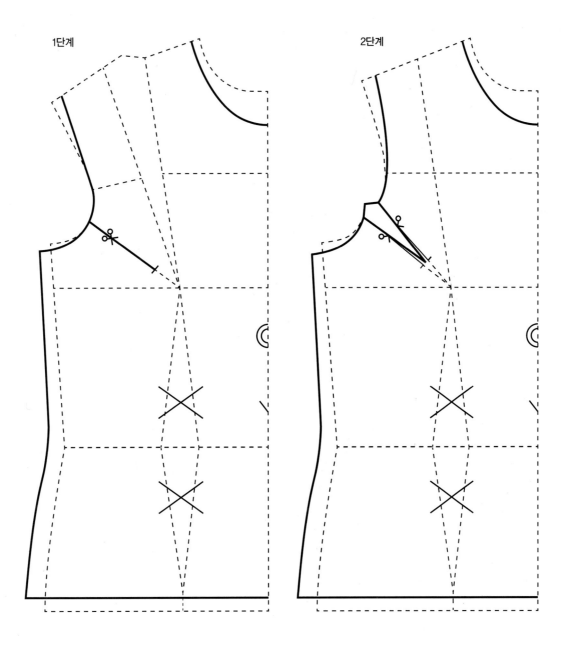

목선 개더 상의

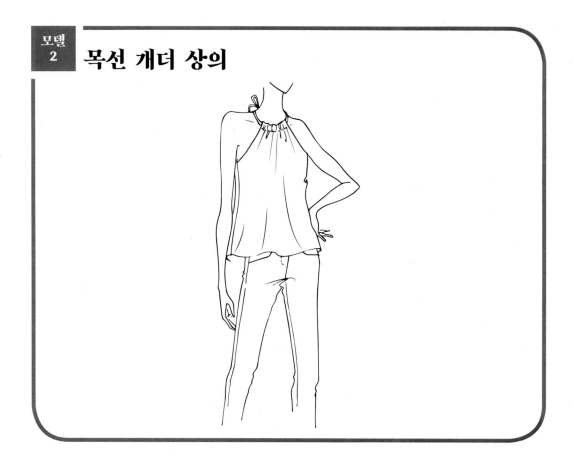

준비 상의 기본 원형을 베껴놓는다.

1단계 ─────────

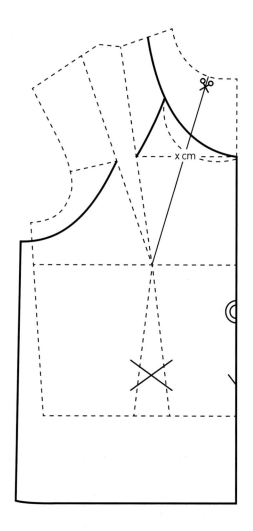

1 디자인에 따라 외곽 볼륨을 정한다.

• 목둘레선을 정한다.

• 겨드랑이점에서 암홀의 깊이를 내려주고,

볼륨을 더해준다

• 목선에서 겨드랑이에 이르는 암홀을 그린

다(어깨 다트를 닫고 그린다).

• 옆선에서 볼륨을 더해준다.

• 옷 길이를 정한다.

2 디자인에 따라 목선으로 향하는 절개선을 그

리고 자른다.

자르기 전에 목둘레 치수 x를 측정해둔다.

2단계

3 어깨 다트를 접어 없앤다.

   허리선의 다트는 그냥 풀어준다.

3단계

4 원하는 개더 분량만큼 패턴을 벌려준다. 자연스러운 곡선으로 목선을 다시 그린다.

   개더를 잡고 난 후의 완성 치수 x를 기록해둔다.

5 식서선과 곬 표시 등 필요한 사항을 기록한다.

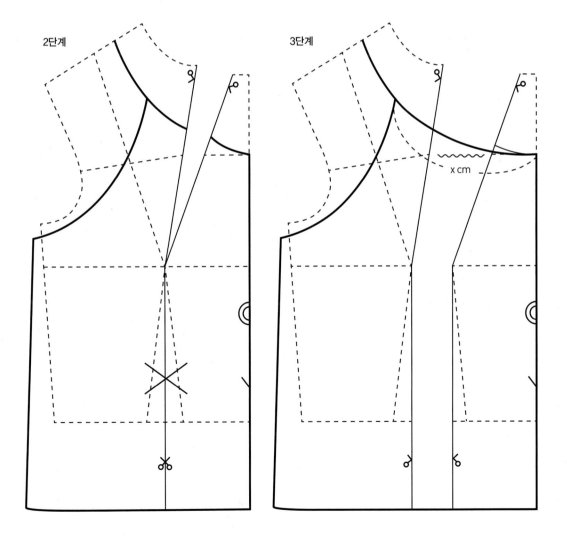

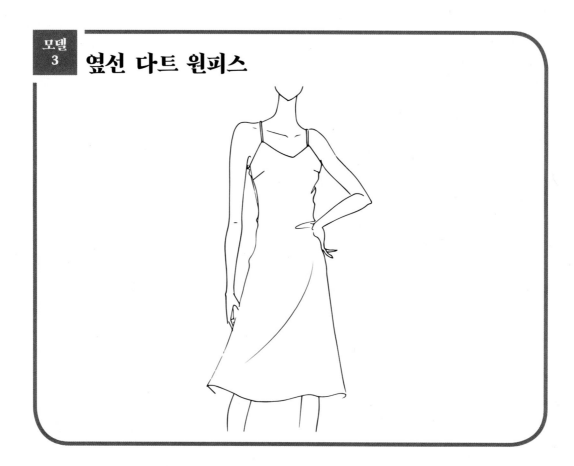

모델 3 **옆선 다트 원피스**

준비 상의와 스커트 기본 원형의 허리선을 붙여서 베껴놓는다.

1단계

1 디자인에 따라 외곽 볼륨을 정한다.

- 앞 몸판 디자인선을 그린다(어깨 다트를 닫고 그린다).

- 겨드랑이점에서 암홀의 깊이를 내려주고, 볼륨을 더해준다

- 옆 허리선, 옆 엉덩이선에서 볼륨을 더해준다.

- 옷 길이를 정한다.

2 디자인에 따라 옆선 다트의 위치를 정하고 자른다. 이때 어깨 다트 끝점까지 자른다.

3 어깨 다트를 접어 없앤다.

4 길이에 맞추어 옆선 다트를 그린다.

5 옆선 다트를 접고 룰렛을 이용해 다트 머리 부분을 완성한다.

6 식서선과 곬 표시 등 필요한 사항을 기록한다.

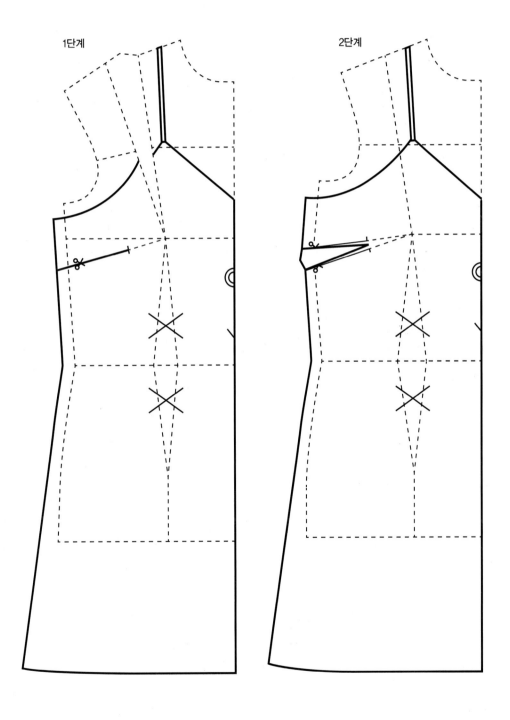

앞 중심 개더 상의

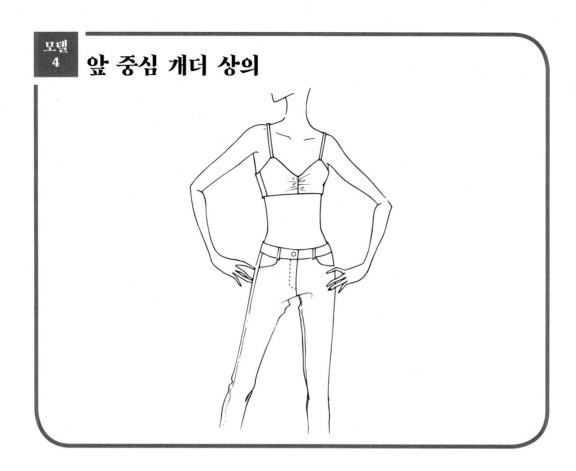

준비 상의 기본 원형의 앞뒤 판 옆선을 붙여서 베껴놓는다.

확장이 필요한 경우: 확장 분량만큼 띄우고 옆선을 붙인다.

1단계

1 디자인에 따라 외곽 볼륨을 정한다.

  • 앞뒤 몸판 디자인선을 그린다(모든 다트를 닫고 그린다).

  • 다트를 이동할 앞 중심선을 절개한다. 앞 중심선의 길이 x를 측정해둔다.

2단계

2 뒤판 다트를 접어 없앤다. 앞판의 어깨 다트와 허리 다트를 모두 접어 없앤다.

  앞 중심선을 곡선으로 마무리한다. 개더를 잡고 난 후의 완성 치수 x를 기록해둔다.

3 식서선을 표시한다.

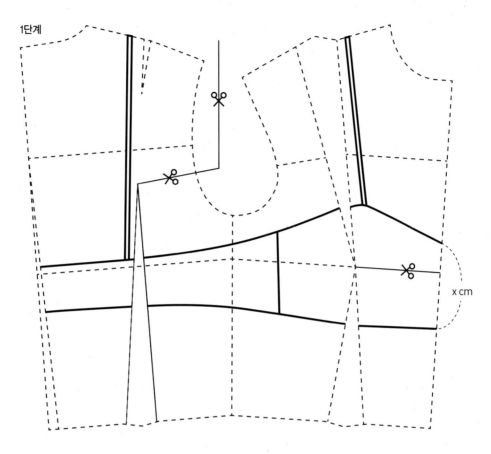

1단계

x cm

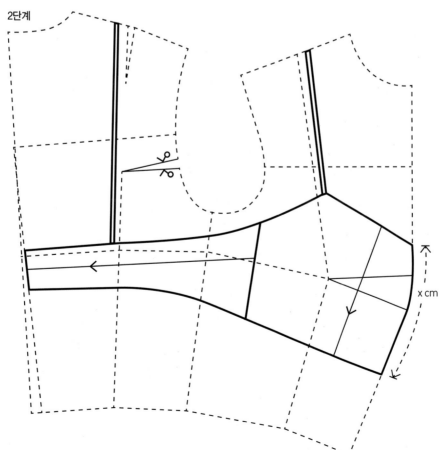

2단계

x cm

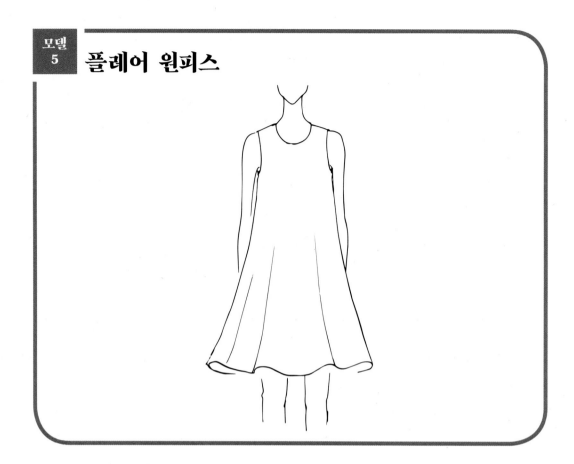

모델 5

플레어 원피스

준비 상의와 스커트 기본 원형의 허리선을 붙여서 베껴놓는다.

1단계

1 디자인에 따라 외곽 볼륨을 정한다.
- 목둘레선을 정한다.
- 어깨 길이를 정한다.
- 겨드랑이점에서 암홀의 깊이를 내려주고, 볼륨을 더해준다
- 볼륨을 가감해 옆선을 그린다.
- 옷 길이를 정한다.
2 어깨 다트를 이동할 위치와 플레어를 추가할 위치를 정하고 절개한다.

3 어깨 다트를 접어 없앤다.

4 원하는 플레어의 분량만큼 벌려주고 패턴을 완성한다.

5 식서선과 곬 표시 등 필요한 사항을 기록한다.

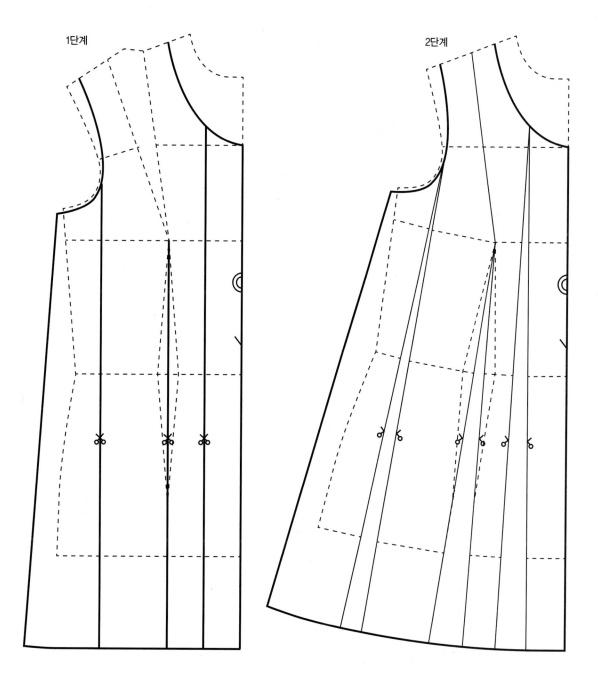

<table>
<tr><td>모델
6</td><td colspan="2"><h1>하이웨이스트, 2겹 플레어 원피스</h1></td></tr>
</table>

준비 상의 기본 원형을 베껴놓는다.

앞판 윗부분

1단계 ──────────────────────────────

1 디자인에 따라 외곽 볼륨을 정한다.

- 앞 몸판 디자인선을 그린다(어깨 다트를 닫고 그린다).

- 겨드랑이점에서 암홀의 깊이를 내려주고, 볼륨을 더해준다

- 볼륨을 가감해 옆선을 그린다.

- 옷 길이를 정한다.

2 디자인에 따라 하이웨이스트선을 그린 다음 다트 위치를 정하고 자른다. 이때 어깨 다트 끝점
까지 자른다.

3 어깨 다트를 접어 없앤다.

4 길이에 맞추어 허리 다트를 그린다.

5 허리 다트를 접고 룰렛을 이용해 다트 머리 부분을 완성한다.

6 다트를 제외한 하이웨이스트 치수를 측정한다(x+y).

7 식서선과 곬 표시 등 필요한 사항을 기록한다.

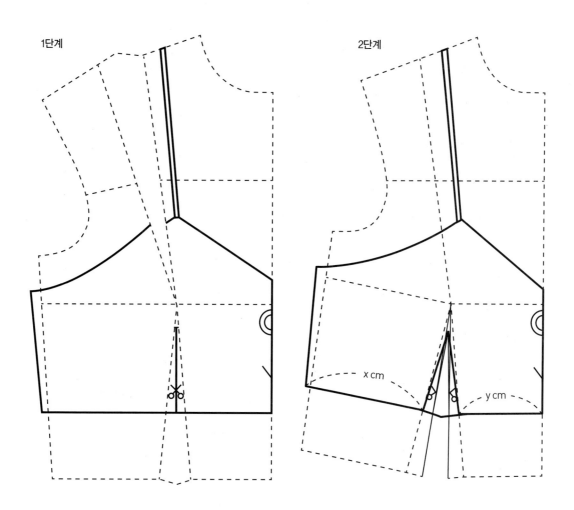

스커트 부분

1단계

1 측정한 하이웨이스트 치수에 따른 폭과 원하는 스커트의 길이에 맞추어 직사각형을 그린다.
2 플레어의 위치를 정하고 절개한다.

2단계

3 원하는 플레어의 분량만큼 밑단을 벌려준다.
4 밑단선을 완성하고 위 스커트와 아래 스커트
   부분을 분리해 베껴낸다.
5 식서선과 곬 표시 등 필요한 사항을 기록한다.

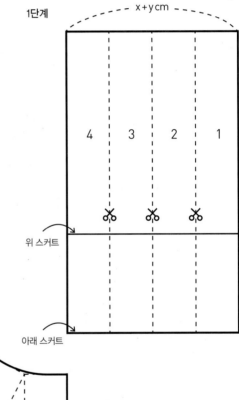

1단계

x+ycm

위 스커트

아래 스커트

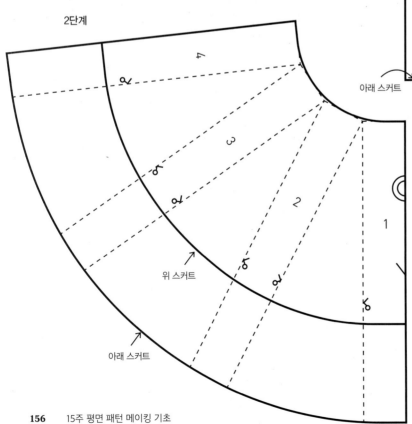

2단계

위 스커트

아래 스커트

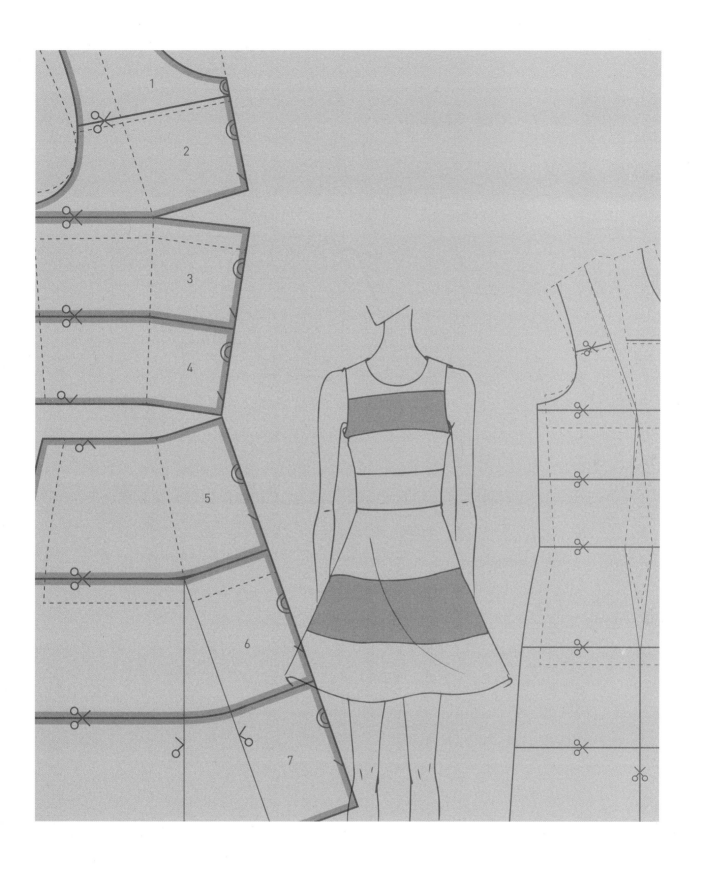

8주 상의 기본 원형 활용 2

: 횡단 절개선과 주름에 대한 이해

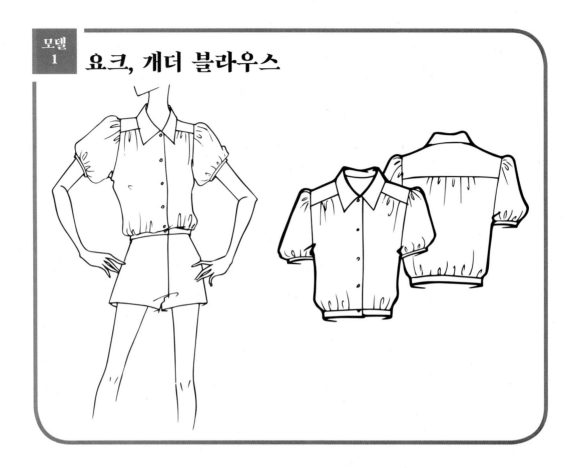

요크, 개더 블라우스

준비 상의 기본 원형을 베껴놓는다.

1단계

1 디자인에 따라 외곽 볼륨을 정한다.

- 목둘레선을 정한다.

- 어깨 길이를 정한다.

- 겨드랑이점에서 암홀의 깊이를 내려주고, 옆선에서 볼륨을 더해준다.

- 옷 길이를 정한다.

- 앞여밈 분량을 정한다.

2 디자인에 따라 요크선을 그린다. 뒤판 다트 끝점을 요크선과 만나도록 연장한다.
   앞판 어깨 다트를 닫고 그린다.

3 앞 중심선까지의 목둘레와 암홀 치수를 측정하고 기록해둔다.

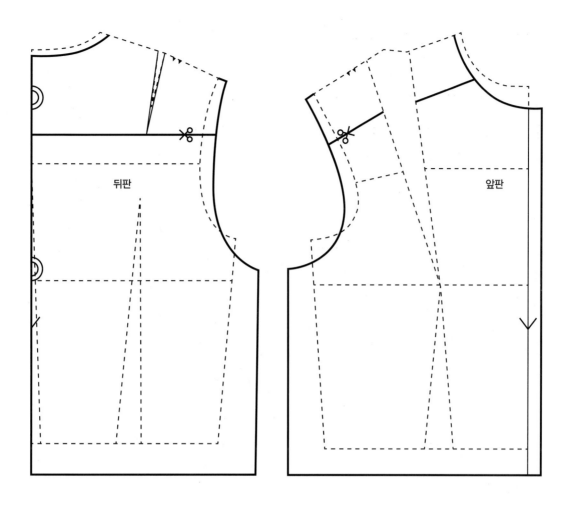

뒤판

앞판

4 다트를 닫고 앞뒤 판 요크를 붙여서 1장으로 떠낸다.

5 앞판을 절개한 다음 벌려 개더 분량을 추가한다.

6 뒤 중심선에도 개더 분량을 추가한다.

7 허리 밴드를 제도한다. 앞뒤 판 밴드는 붙여서 사용한다.

8 단추의 위치를 정한다.

9 식서선과 곬 표시 등 필요한 사항을 기록한다.

10 암홀에 너치 표시를 한다.

11 칼라 제도법은 p. 212 참조.

소매 제도법은 pp. 236~237 참조.

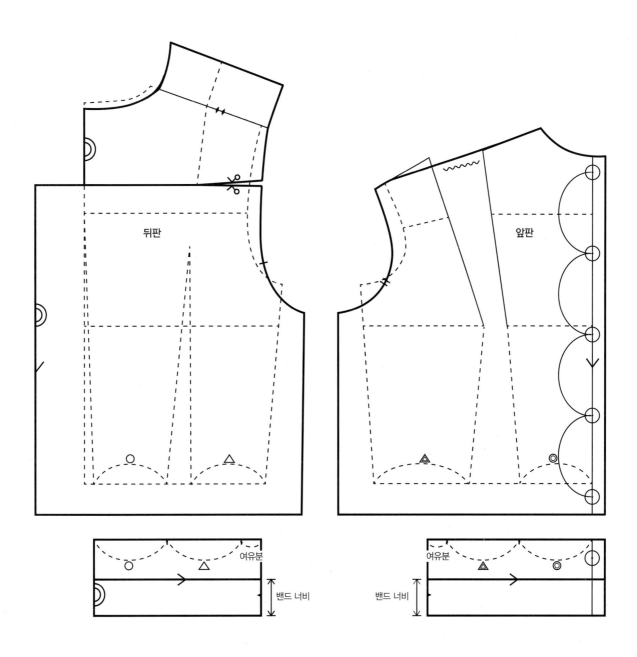

뒤판

앞판

여유분

여유분

밴드 너비

밴드 너비

가슴 절개선 원피스

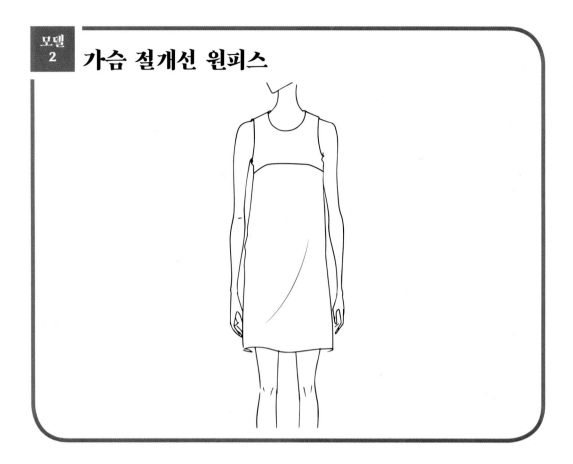

준비 상의와 스커트 기본 원형의 허리선을 붙어서 베껴놓는다.

1단계

1 디자인에 따라 외곽 볼륨을 정한다.

- 목둘레선을 정한다.

- 어깨 길이를 정한다.

- 겨드랑이점에서 암홀의 깊이를 내려주고, 옆선에서 볼륨을 더해준다.

- 옷 길이를 정한다.

2 디자인에 따라 요크선을 그리고 자른다.

3 기존의 어깨 다트를 접어 없앤다.

4 2장의 패턴을 분리해 베껴낸다.

5 식서선과 곬 표시 등 필요한 사항을 기록한다.

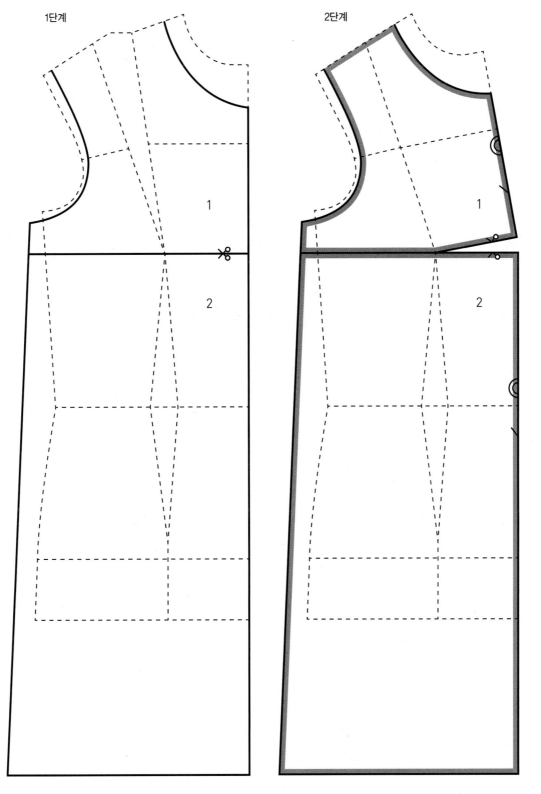

가슴, 허리, 요크 절개선 원피스

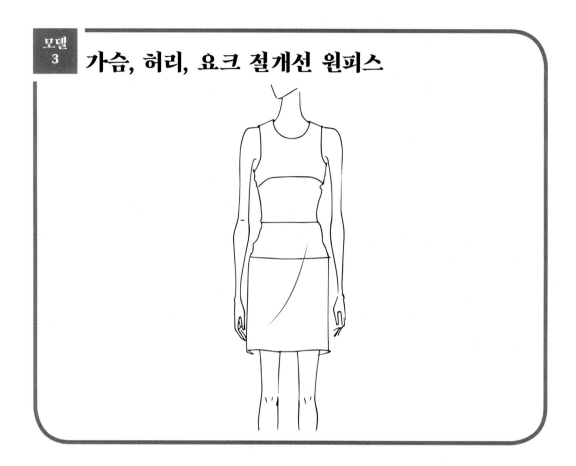

준비 상의와 스커트 기본 원형의 허리선을 붙여서 베껴놓는다.

스커트 다트는 합쳐서 그려둔다.

1단계

1 디자인에 따라 외곽 볼륨을 정한다.

- 목둘레선을 정한다.

- 어깨 길이를 정한다.

- 겨드랑이점에서 암홀의 깊이를 내려주고, 옆선에서 볼륨을 더해준다.

- 옷 길이를 정한다.

2 디자인에 따라 상의와 스커트의 요크선을 그린다.

3 어깨 다트의 끝점이 요크선에서 만나도록 길이를 조절한다.

스커트 허리 다트의 끝점이 요크선에서 만나도록 길이를 조절한다.

4 각각의 요크선을 절개하고, 어깨와 허리 다트를 접어 없앤다.

5 4장의 패턴을 분리해 베껴낸다. 각진 부분이 없도록 보정한다.

6 식서선과 곬 표시 등 필요한 사항을 기록한다.

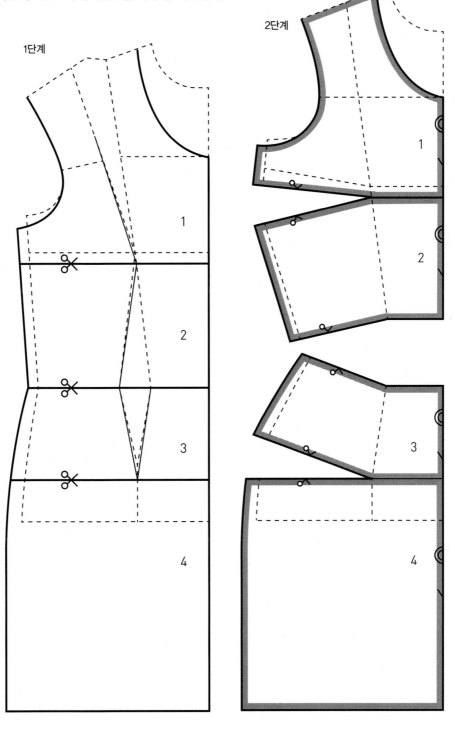

모델 4 절개선과 에이라인 원피스

준비 상의와 스커트 기본 원형의 허리선을 붙여서 베껴놓는다.

1단계

1 디자인에 따라 외곽 볼륨을 정한다.

- 목둘레선을 정한다.

- 어깨 길이를 정한다.

- 겨드랑이점에서 암홀의 깊이를 내려주고, 옆선에서 볼륨을 더해준다.

- 옷 길이를 정한다.

2 디자인에 따라 절개선의 위치를 정한다(어깨 다트를 닫고 그린다).

어깨 다트의 끝점이 절개선과 만나게 한다.

스커트 허리 다트의 끝점이 절개선과 만나게 한다.

3 절개선을 따라 자르고, 다트를 접어 없앤다.

   스커트의 허리 다트를 밑단으로 이동한다(pp. 66~69 참조).

4 7장의 패턴을 분리해 베껴낸다. 각진 부분이 없도록 보정한다.

5 식서선과 곬 표시 등 필요한 사항을 기록한다.

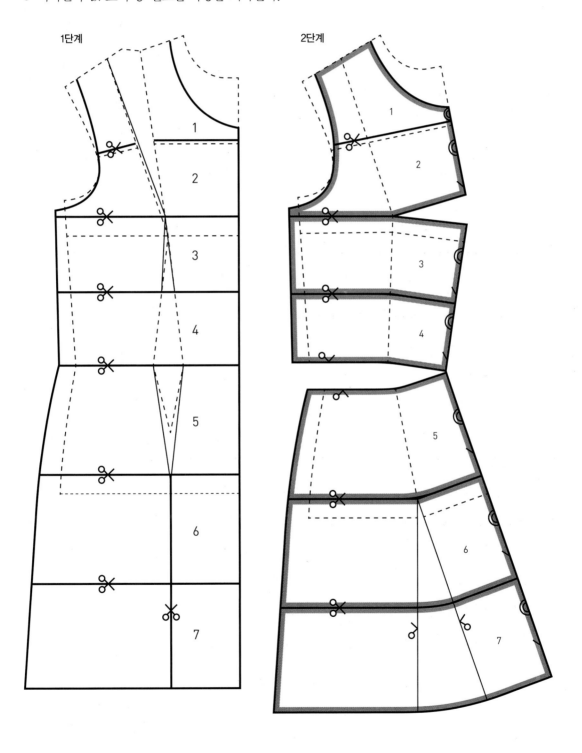

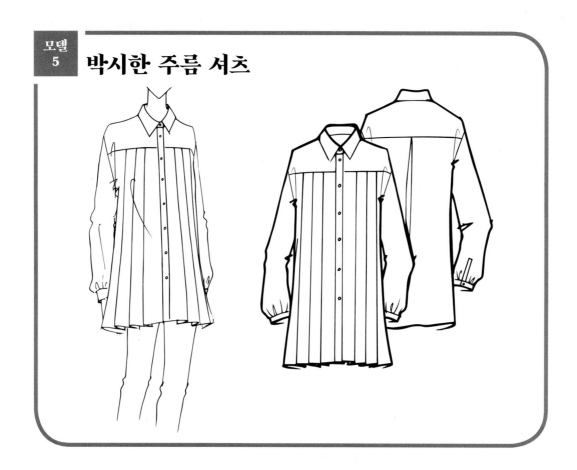

모델 5 박시한 주름 셔츠

준비 다트 없는 상의 원형을 베껴놓는다.

(신축성 있는 소재의 티셔츠, 큰 볼륨의 셔츠 등은 다트 없는 상의 원형을 사용한다.)

1단계 ────────

1 디자인에 따라 외곽 볼륨을 정한다.

- 목둘레선을 정한다.

- 어깨 길이를 정한다.

- 겨드랑이점에서 암홀의 깊이를 내려주고, 옆선에서 볼륨을 더해준다.

- 암홀을 그린다.

- 옷 길이를 정한다.

- 앞여밈 분량을 정한다. 앞 덧단선도 그린다.

2 앞뒤 판 요크선을 그린다.

3 뒤 중심선에 맞주름 분량을 추가한다.

4 앞 몸판 주름의 위치를 정한다.

5 단추의 위치를 정한다.

6 칼라를 제도하기 위해 목둘레 치수를 측정한다(칼라 제도법은 p. 210 참조).

7 소매를 제도하기 위해 암홀 치수를 측정한다.

8 암홀에 너치 표시를 한다.

(소매 제도법은 pp. 221~225 참조.)

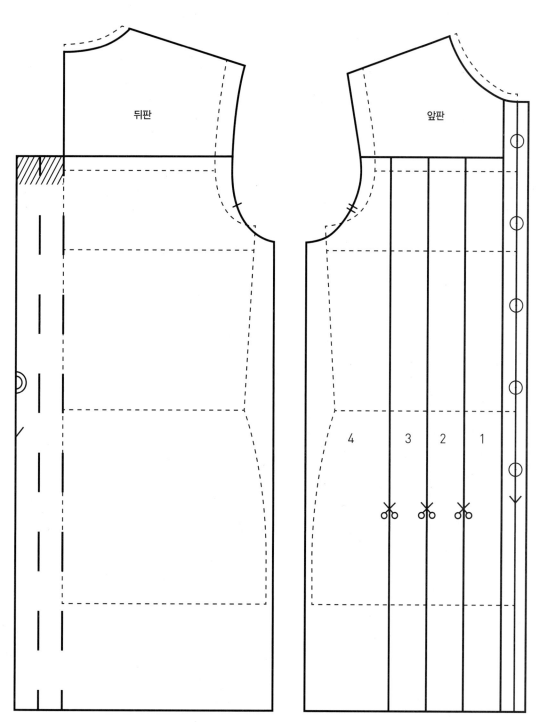

9 앞 몸판의 주름 위치에 각각 원하는 주름 깊이의 2배 분량을 벌려주고 패턴을 완성한다.

10 식서선과 곬 표시 등 필요한 사항을 기록한다.

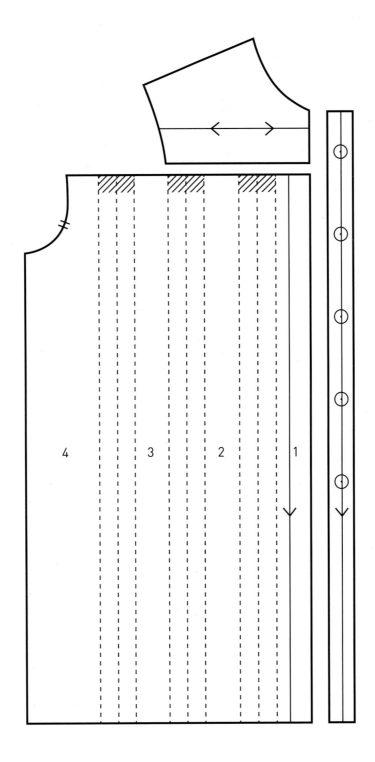

9주 상의 기본 원형 활용 3

: 종단 절개선과 '무'에 대한 이해

모델 1 어깨 프린세스라인 원피스

준비 상의와 스커트 기본 원형의 허리선을 붙여서 베껴놓는다.

상의 다트에 따를 것이므로 스커트 다트는 그리지 않아도 된다.

1 디자인에 따라 외곽 볼륨을 정한다.

   • 앞뒤 판 디자인선을 정한다.

   • 겨드랑이점에서 암홀의 깊이를 내려주고, 옆선에서 볼륨을 더해준다.

   • 옷 길이를 정한다. 하체가 길어 보이도록 허리선을 조금 올렸다.

2 앞뒤 판 종단 절개선의 위치를 정하고 절개선 위치로 다트를 이동한다.

   스커트 밑단에 볼륨을 추가한다.

   중심판과 옆판이 겹친 상태로 패턴을 완성한다.

3 중심판과 옆판을 분리해 베껴낸다.

4 식서선과 곬 표시 등 필요한 사항을 기록한다.

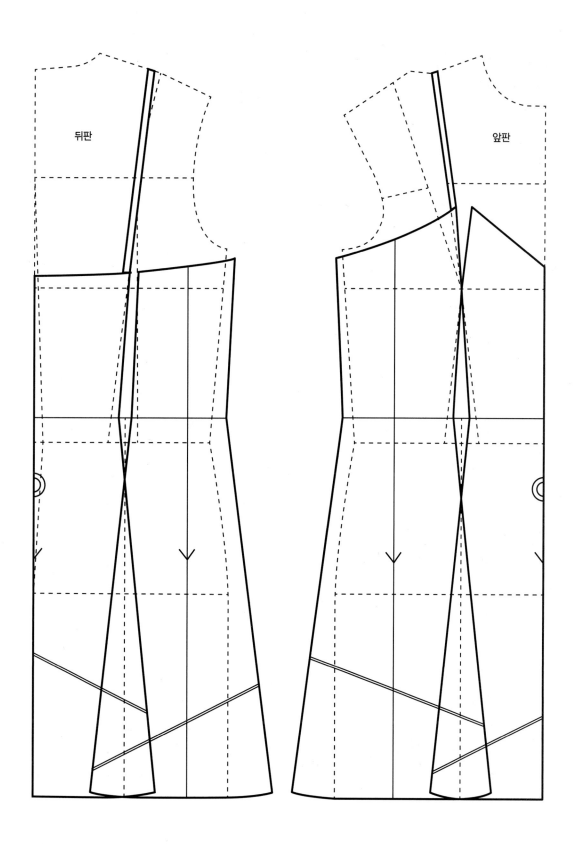

뒤판

앞판

목선 프린세스라인 상의

준비 상의와 스커트 기본 원형의 허리선을 붙여서 베껴놓는다.

스커트 다트는 합쳐서 그려둔다.

1단계

1 디자인에 따라 외곽 볼륨을 정한다.

- 목둘레선을 정한다.

- 어깨 길이를 정한다.

- 겨드랑이점에서 암홀의 깊이를 내려주고, 옆선에서 볼륨을 더해준다.

- 옷 길이를 정한다.

- 앞여밈 분량을 정한다. 단추의 위치를 정한다.

2 디자인에 따라 절개선의 위치를 정한다(어깨 다트를 닫고 그린다).

3 어깨 다트를 접어 없앤다. 절개선을 따라 자른다.

4 중심판과 옆판을 분리해 베껴낸다.

5 식서선과 곬 표시 등 필요한 사항을 기록한다.

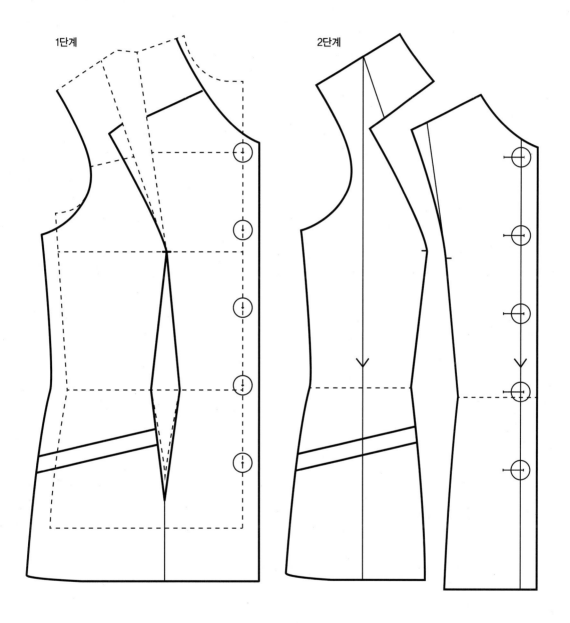

앞 중심 프린세스라인 상의

준비 상의와 스커트 기본 원형의 허리선을 붙여서 베껴놓는다.

스커트 다트는 합쳐서 그려둔다.

1단계

1 디자인에 따라 외곽 볼륨을 정한다.

- 목둘레선을 정한다.

- 어깨 길이를 정한다.

- 겨드랑이점에서 암홀의 깊이를 내려주고, 옆선에서 볼륨을 더해준다.

- 옷 길이를 정한다.

2 절개선의 위치를 정한다.

3 어깨 다트를 접어 없앤다.

4 다트를 제외하고 2개의 패턴을 분리해 베껴낸다.

5 식서선과 곬 표시 등 필요한 사항을 기록한다.

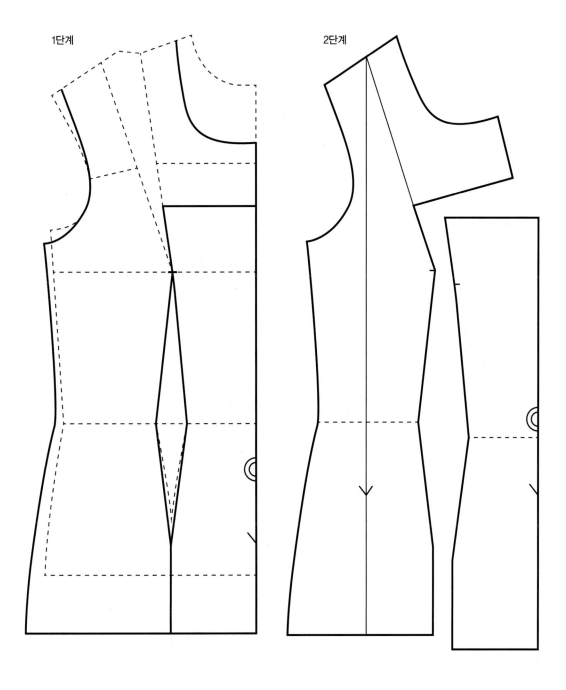

1단계   2단계

옆선 프린세스라인 상의

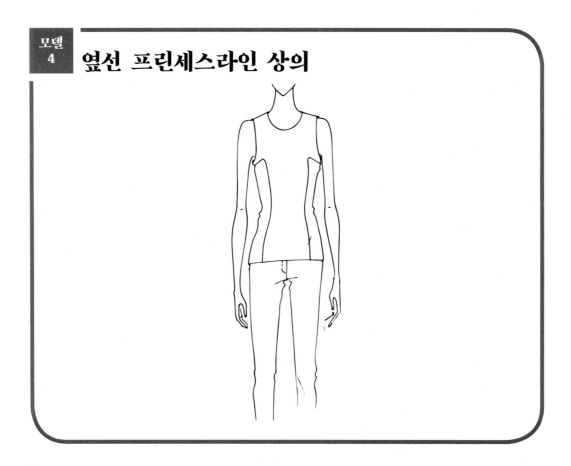

준비 상의와 스커트 기본 원형의 허리선을 붙여서 베껴놓는다.

스커트 다트는 합쳐서 그려둔다.

1단계

1 디자인에 따라 외곽 볼륨을 정한다.
- 목둘레선을 정한다.
- 어깨 길이를 정한다.
- 겨드랑이점에서 암홀의 깊이를 내려주고, 옆선에서 볼륨을 더해준다.
- 암홀을 그린다.
- 옷 길이를 정한다.

2 절개선의 위치를 정한다. 어깨 다트의 끝점과 절개선이 만나도록 어깨 다트의 길이와 위치를 조절한다. 허리 다트를 절개선 위치로 이동한다.

3 절개선을 따라 자르고, 어깨 다트는 접어 없앤다.

4 중심판과 옆판을 분리해 베껴낸다.

5 식서선과 곬 표시 등 필요한 사항을 기록한다.

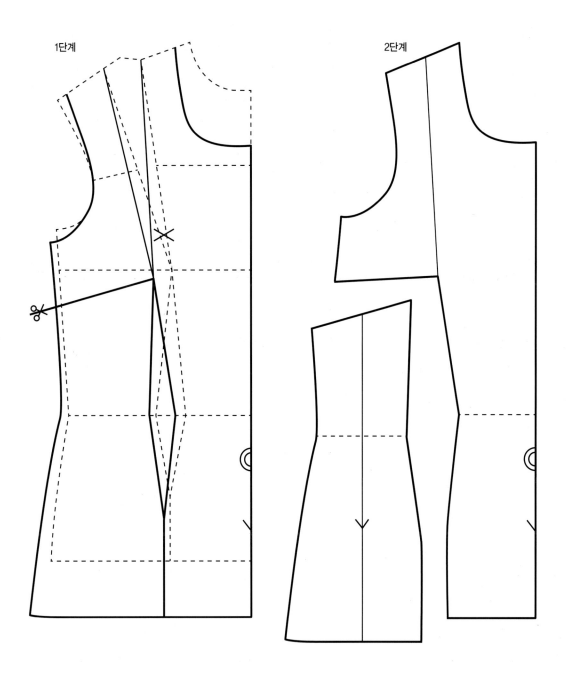

암홀 프린세스라인 상의

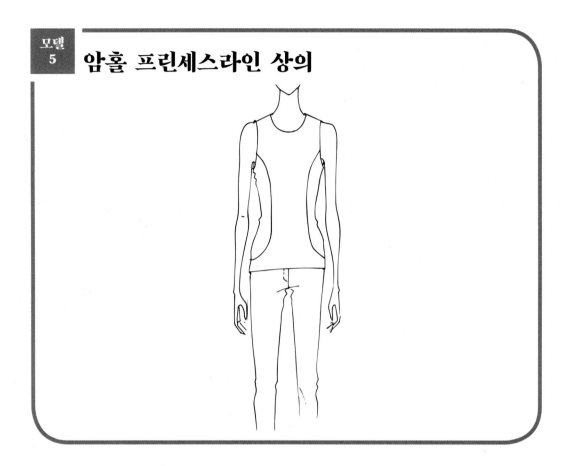

준비 상의와 스커트 기본 원형의 허리선을 붙여서 베껴놓는다.

스커트 다트는 합쳐서 그려둔다.

1단계

1 디자인에 따라 외곽 볼륨을 정한다.

- 목둘레선을 정한다.
- 어깨 길이를 정한다.
- 겨드랑이점에서 암홀의 깊이를 내려주고, 옆선에서 볼륨을 더해준다.
- 암홀을 그린다.
- 옷 길이를 정한다.

2 절개선의 위치를 정한다. 어깨 다트의 끝점과 절개선이 만나도록 어깨 다트의 길이와 위치를 조절한다. 허리 다트를 절개선 위치로 이동한다.

3 절개선을 따라 자르고, 어깨 다트는 접어 없앤다.

4 다트를 제외하고 중심판과 옆판을 분리해 베껴낸다.

5 식서선과 곬 표시 등 필요한 사항을 기록한다.

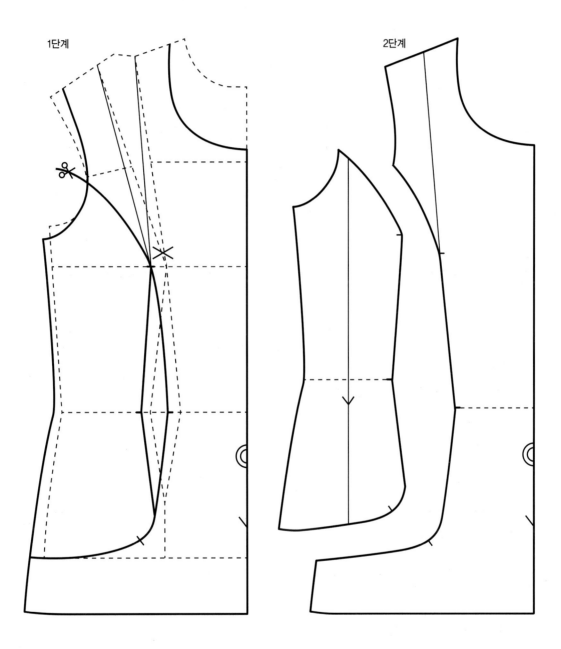

1단계

2단계

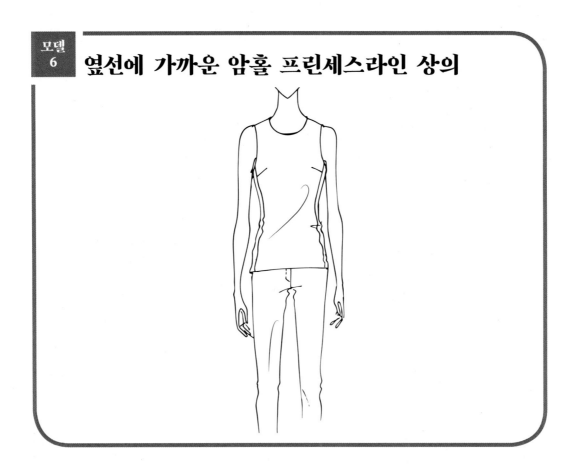

모델 6 옆선에 가까운 암홀 프린세스라인 상의

준비 상의와 스커트 기본 원형의 허리선을 붙여서 베껴놓는다.

스커트 다트는 합쳐서 그려둔다.

1단계 ─────────────────────────────────

1 디자인에 따라 외곽 볼륨을 정한다.

  • 목둘레선을 정한다.

  • 어깨 길이를 정한다.

  • 겨드랑이점에서 암홀의 깊이를 내려주고, 옆선에서 볼륨을 더해준다.

  • 암홀을 그린다.

  • 옷 길이를 정한다.

2 절개선의 위치를 정한다. 중심판 다트의 위치를 정하고 자른다. 이때 어깨 다트 끝점까지 자른
   다. 허리 다트를 절개선 위치로 이동한다.

3 어깨 다트를 접어 없앤다.

4 다트를 제외하고 중심판과 옆판을 분리해 베껴낸다.

5 중심판에서 길이에 맞추어 다트를 그리고, 룰렛을 이용해 다트 머리 부분을 완성한다.

6 식서선과 곬 표시 등 필요한 사항을 기록한다.

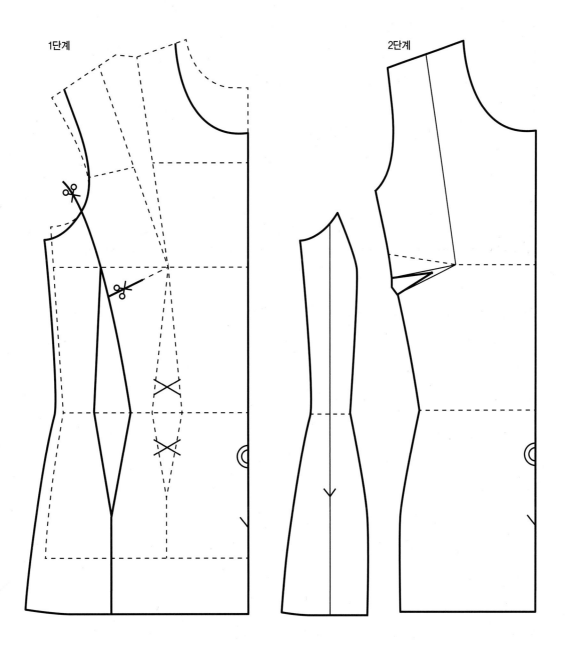

1단계

2단계

암홀 프린세스라인 재킷

준비 상의와 스커트 기본 원형의 허리선을 붙여서 베껴놓는다.

1단계

1 디자인에 따라 외곽 볼륨을 정한다.

- 목둘레선을 정한다. 앞 목둘레선과 라펠 부분은 칼라에서 설명한다(pp. 213~217 참조).

- 어깨 길이를 정한다.

- 겨드랑이점에서 암홀의 깊이를 내려주고, 옆선에서 볼륨을 더해준다.

- 암홀을 그린다.

- 옷 길이를 정한다.

- 앞여밈선을 그린다. 단추의 위치를 정한다.

2 앞판 암홀 절개선의 위치를 정한다. 어깨 다트의 끝점과 절개선이 만나도록 어깨 다트의 길이와 위치를 조절한다. 허리 다트를 절개선 위치로 이동한다.

3 뒤판 암홀 절개선의 위치를 정한다. 허리 다트를 절개선 위치로 이동한다.

4 암홀의 치수를 측정해둔다.

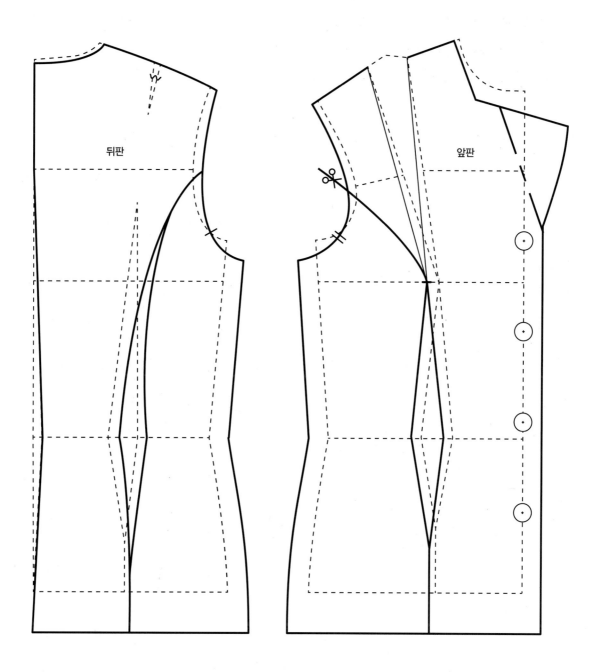

5 절개선을 따라 자르고, 어깨 다트는 접어 없앤다. 뒤판 어깨 다트는 이새 처리한다.

6 다트를 제외하고 중심판과 옆판을 분리해 베껴낸다.

7 식서선과 곬 표시 등 필요한 사항을 기록한다.

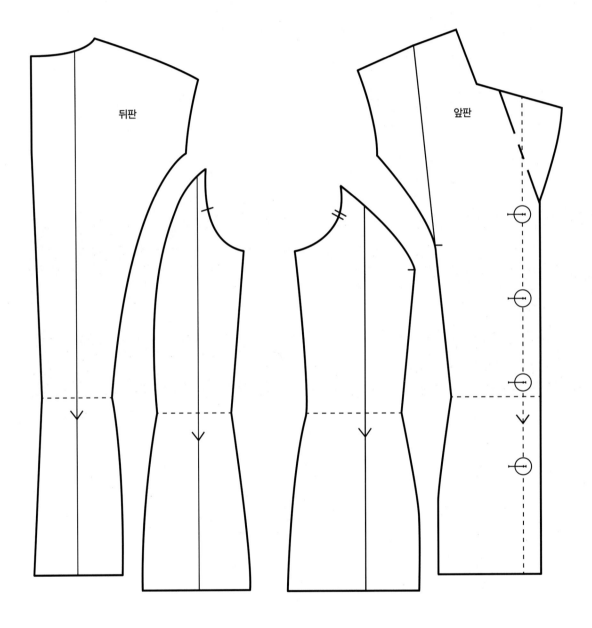

10주 상의 기본 원형 활용 4

: 횡단과 종단 절개선의 응용

앞판 요크 원피스

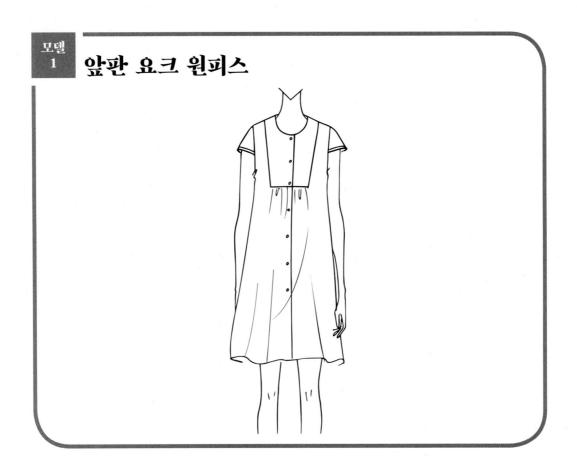

준비 상의와 스커트 기본 원형의 허리선을 붙여서 베껴놓는다.

1 디자인에 따라 외곽 볼륨을 정한다.

  • 목둘레선을 정한다.

  • 어깨 길이를 정한다.

  • 겨드랑이점에서 암홀의 깊이를 내려주고, 옆선에서 볼륨을 더해준다.

  • 암홀을 그린다.

  • 옷 길이를 정한다.

2 요크 절개선의 위치를 정한다.

  • 어깨 다트의 끝점과 절개선이 만나도록 어깨 다트의 길이와 위치를 조절한다.

  • 앞여밈선을 그린다. 앞 중심에 개더 분량을 추가하고 앞여밈선을 완성한다.

  • 단추의 위치를 정한다.

3 다트를 제외하고 요크와 몸판을 분리해 베껴낸다. 여기서는 회색 아웃라인으로 표시했다.

4 식서선과 곬 표시 등 필요한 사항을 기록한다.

5 소매는 pp. 242~243 참조..

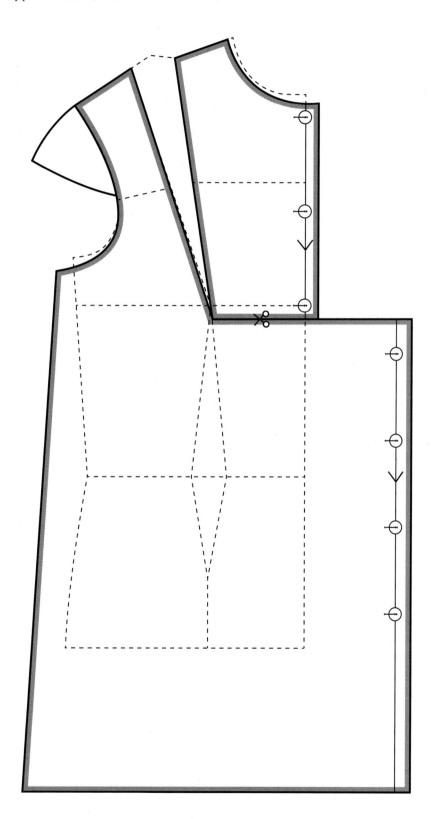

요크, 프린세스라인 원피스

준비 상의와 스커트 기본 원형의 허리선을 붙여서 베껴놓는다.

스커트 다트는 합처서 그려둔다.

1단계

1 디자인에 따라 외곽 볼륨을 정한다.

   • 몸판의 디자인선을 정한다.

   • 겨드랑이점에서 암홀의 깊이를 내려주고, 옆선에서 볼륨을 더해준다.

2 요크 절개선을 그린다. 필요한 경우 다트의 위치를 조절한다.

3 프린세스라인의 위치를 정한다. 허리 다트를 절개선 위치에 둔다.

4 스커트 밑단에 볼륨을 추가한다. 구성 패턴에는 겹친 상태로 그린다.

5 다트를 제외하고 중심판과 옆판을 분리해 베껴낸다. 요크 부분도 따로 베껴낸다.

6 식서선과 곬 표시 등 필요한 사항을 기록한다.

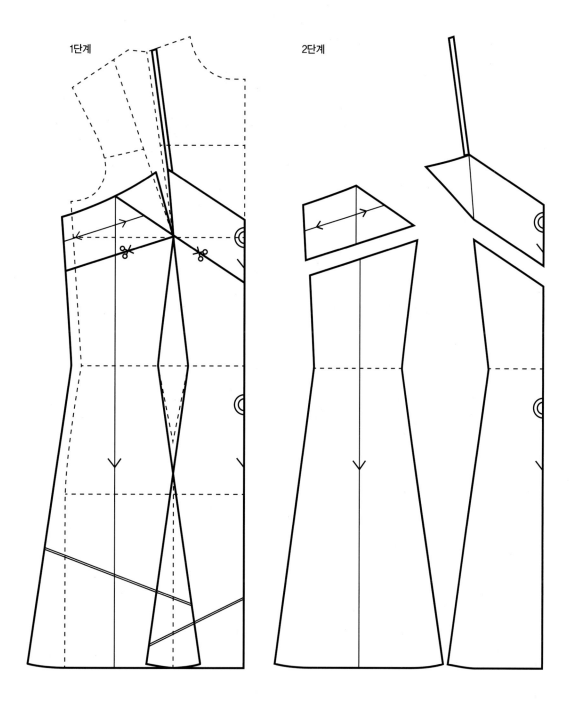

1단계   2단계

모델
3

뷔스티에

준비 상의와 스커트 기본 원형의 허리선을 붙여서 베껴놓는다.

1단계

1 디자인에 따라 외곽 볼륨을 정한다.

 • 몸판의 디자인선을 정한다(다트를 닫고 그린다).

 • 옆선에 볼륨을 더해준다

 • 옷 길이를 정한다.

 • 앞여밈선을 그린다. 단추의 위치를 정한다.

2 캡 절개선과 프린세스라인의 위치를 정한다. 허리 다트를 절개선 위치로 이동한다.

 • 캡 윗부분이 가슴에 밀착되도록 다트 크기를 좌우 각각 0.5cm씩 늘려준다.

 • 캡 아랫부분 다트의 크기도 인체의 구조에 따라 좌우 각각 0.5cm씩 늘려준다.

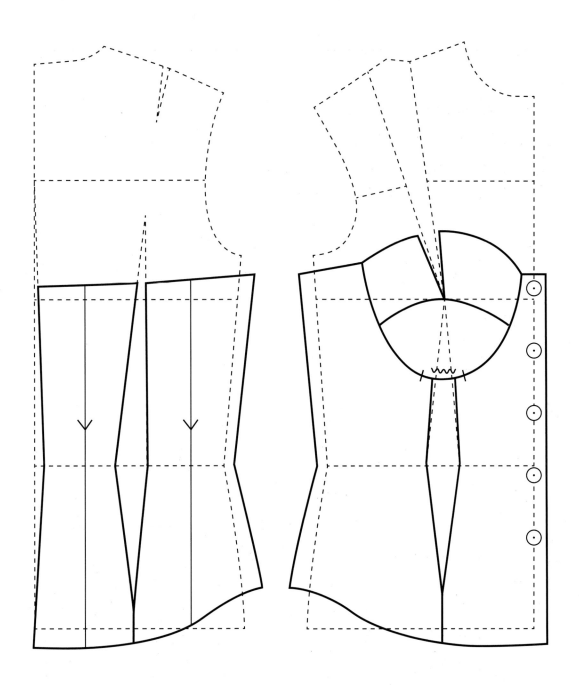

3 다트를 제외하고 중심판과 옆판을 분리해 베껴낸다.

4 다트를 접어서 닫고 캡의 윗부분을 따로 베껴낸다.

5 캡의 아랫부분도 따로 베껴낸다.

6 식서선과 곬 표시 등 필요한 사항을 기록한다.

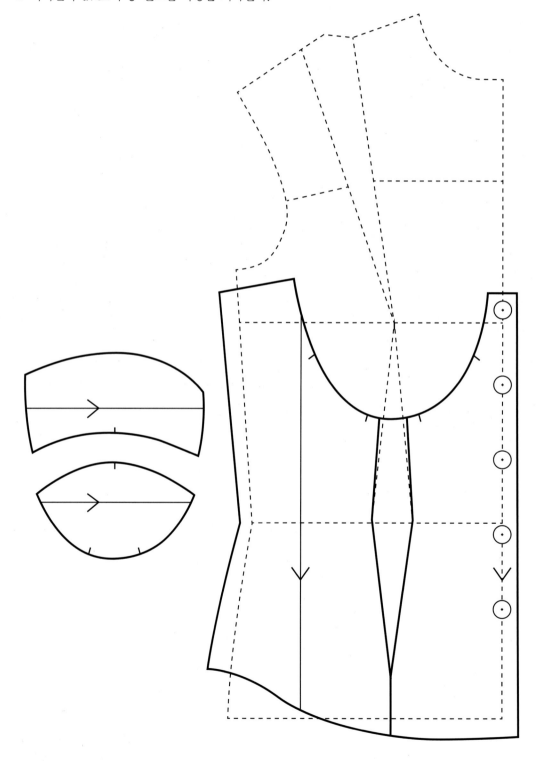

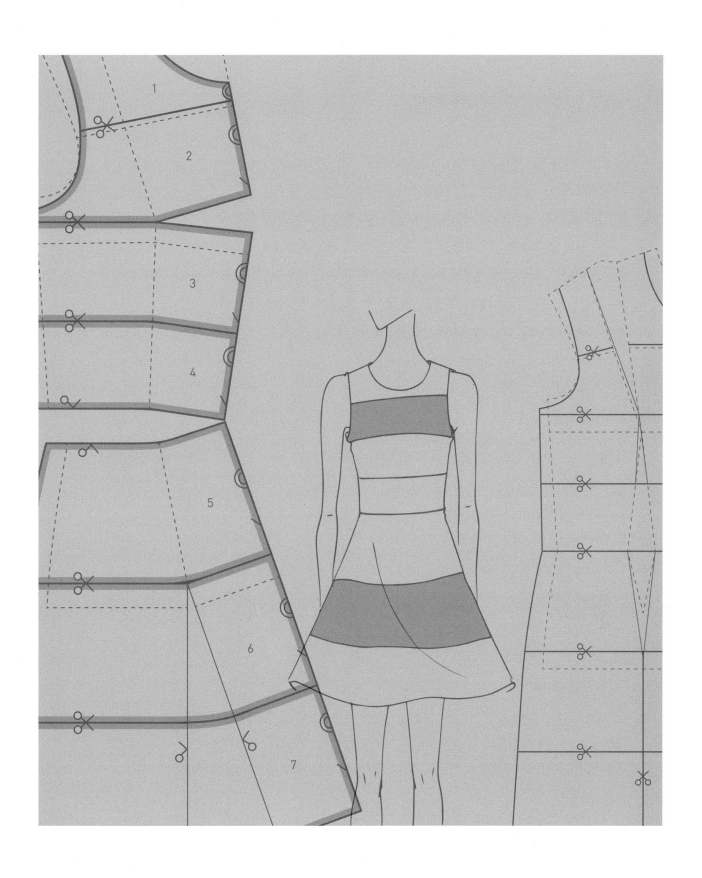

11주 칼라 1

칼라는 형태에 따라 크게 5가지로 분류한다.

1 플랫형 칼라

스탠드 부분 없이 몸판 위에 놓이는 칼라를 일컫는다. 몸판 어깨선에 납작하게 붙어서 플랫형 칼라라고 한다. 목을 감싸는 스탠드 부분이 없기 때문에 주로 여름용 블라우스나 원피스 등에 많이 사용한다. 또 목이 짧은 아동의 특성을 고려해 아동복 칼라에도 많이 사용한다.

예 퓨리턴 칼라, 러플 칼라, 세일러 칼라, 피터팬 칼라 등

2 스탠드형 칼라

몸판을 덮지 않고 목둘레선 위에 서 있는 형태여서 스탠드형 칼라라고 한다. 일자형, 목에 붙는 형, 목에서 벌어지는 형으로 나눈다.

예 일자형: 롤칼라, 타이 칼라 등

　　목에 붙는 형: 차이나 칼라, 맨더린 칼라, 여밈이 있는 밴드 칼라 등

　　목에서 벌어지는 형: 윙 칼라, 후드(스탠드 칼라의 응용이라고 할 수 있다) 등

3 와이셔츠형 칼라

스탠드형 칼라에 겉 칼라가 덧붙은 형태다. 그러므로 2장의 패턴으로 이루어져 있다. 와이셔츠에 많이 사용해 와이셔츠형 칼라라고 한다. 일반적으로 여밈이 있는 밴드 칼라에 겉 칼라가 덧붙어 있다.

예 와이셔츠 칼라, 버튼다운 칼라 등

4 셔츠형 칼라

1장의 칼라가 접혀 스탠드와 칼라로 보이는 형태다. 셔츠에 많이 사용해 셔츠형 칼라라고 한다. 앞 중심에는 스탠드 분량이 없는 것이 특징이다.

📦 하와이언 셔츠 칼라, 스포츠 셔츠 칼라, 폴로셔츠 칼라 등

5 테일러드형 칼라

몸판과 연결해 완성되는 칼라 형태다. 테일러드 재킷에 많이 사용해 테일러드형 칼라라고 한다.

📦 테일러드 칼라, 피크드 칼라, 숄칼라 등

1 플랫형 칼라

모델 1 퓨리턴 칼라

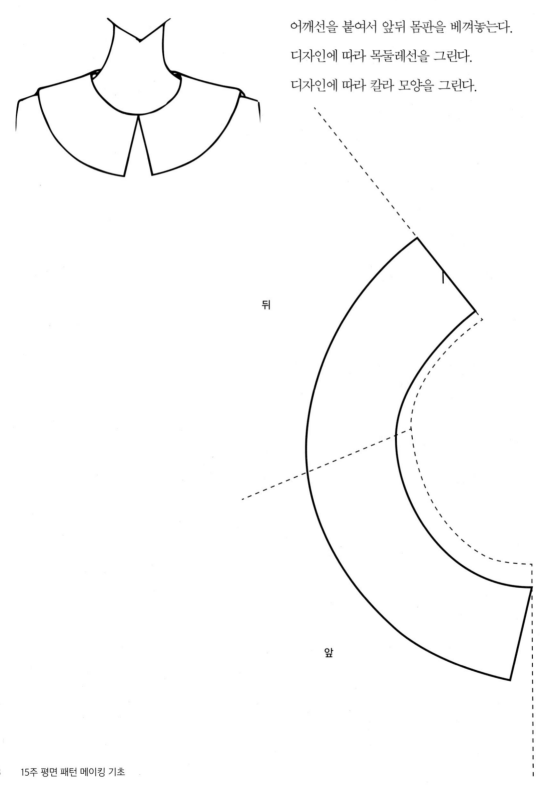

어깨선을 붙여서 앞뒤 몸판을 베껴놓는다.

디자인에 따라 목둘레선을 그린다.

디자인에 따라 칼라 모양을 그린다.

뒤

앞

모델 2 러플 칼라

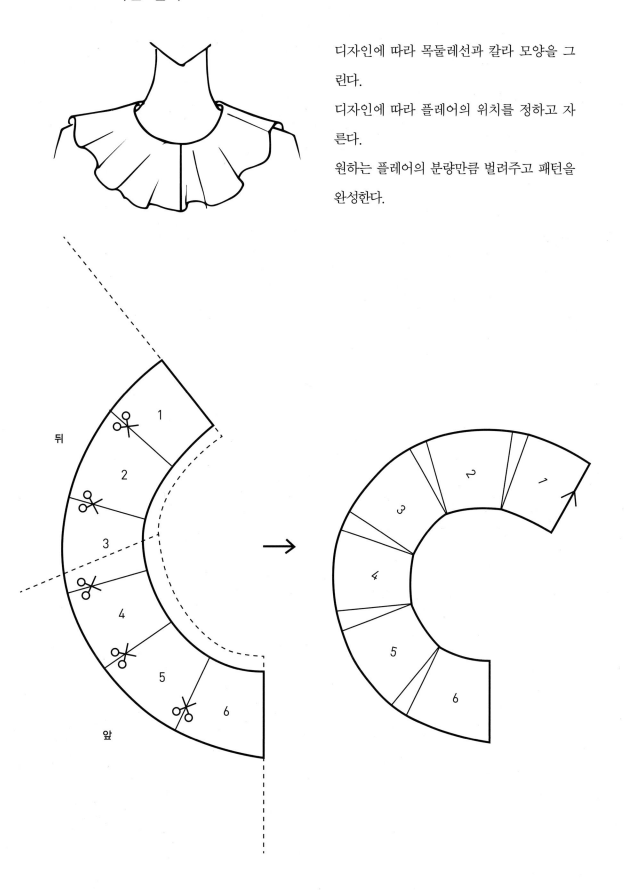

디자인에 따라 목둘레선과 칼라 모양을 그린다.

디자인에 따라 플레어의 위치를 정하고 자른다.

원하는 플레어의 분량만큼 벌려주고 패턴을 완성한다.

뒤

앞

1
2
3
4
5
6

→

1
2
3
4
5
6

모델 3 개더 처리한 러플 칼라

디자인에 따라 목둘레선과 칼라 모양을 그린다.

디자인에 따라 주름 분량을 추가할 위치를 정하고 자른다.

필요한 주름 분량만큼 벌려주고 패턴을 완성한다.

• 목둘레선 치수에 개더 분량을 더한 직사각형 패턴으로 작업할 수도 있다.

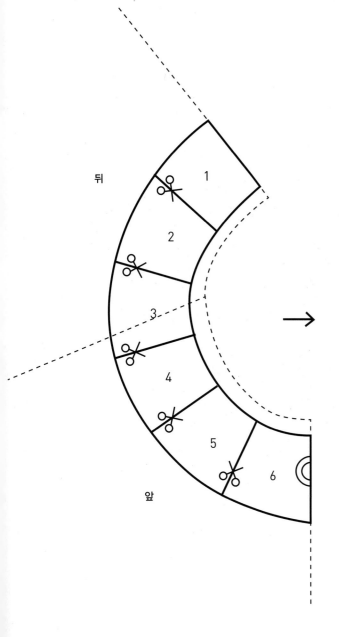

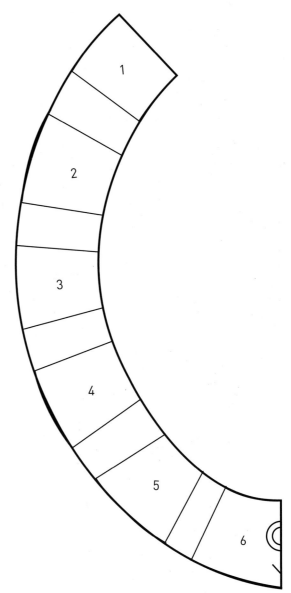

모델 4 앞 중심까지 연결한 러플 칼라

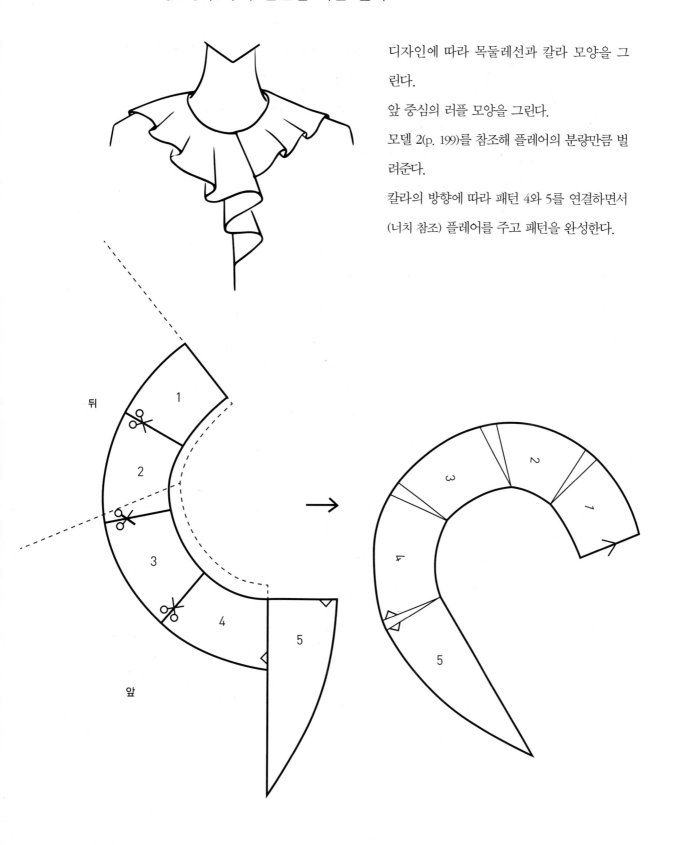

디자인에 따라 목둘레선과 칼라 모양을 그
린다.

앞 중심의 러플 모양을 그린다.

모델 2(p. 199)를 참조해 플레어의 분량만큼 벌
려준다.

칼라의 방향에 따라 패턴 4와 5를 연결하면서
(너치 참조) 플레어를 주고 패턴을 완성한다.

모델 5 피터팬 칼라

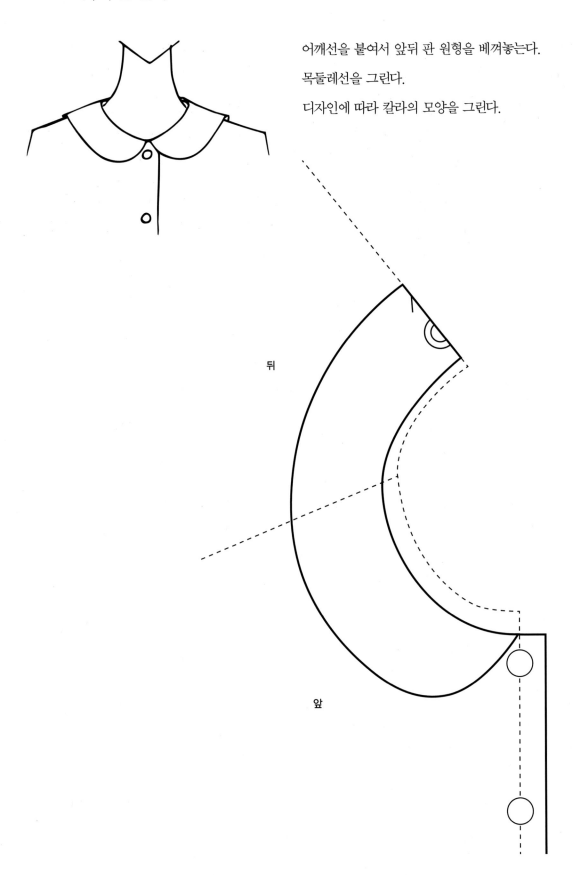

어깨선을 붙여서 앞뒤 판 원형을 베껴놓는다.

목둘레선을 그린다.

디자인에 따라 칼라의 모양을 그린다.

뒤

앞

모델 6 세일러 칼라

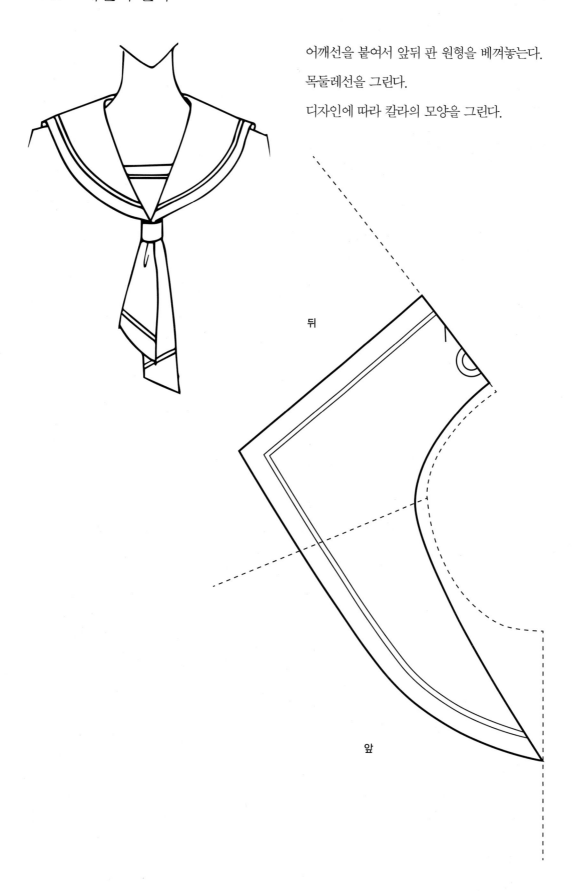

어깨선을 붙여서 앞뒤 판 원형을 베껴놓는다.

목둘레선을 그린다.

디자인에 따라 칼라의 모양을 그린다.

뒤

앞

2 스탠드형 칼라

일자형 모델 1 롤칼라

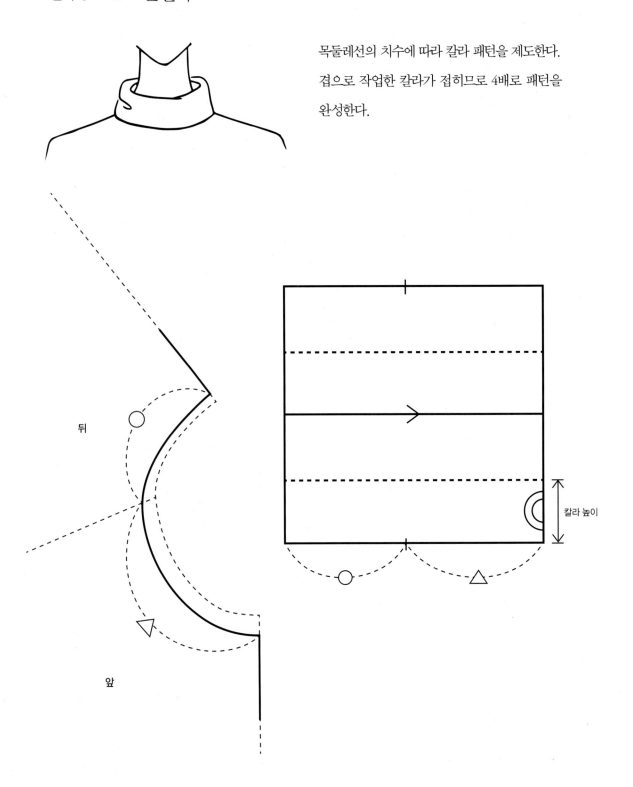

목둘레선의 치수에 따라 칼라 패턴을 제도한다.
겹으로 작업한 칼라가 접히므로 4배로 패턴을
완성한다.

뒤

앞

칼라 높이

일자형 모델 2 타이 칼라 또는 리본 칼라

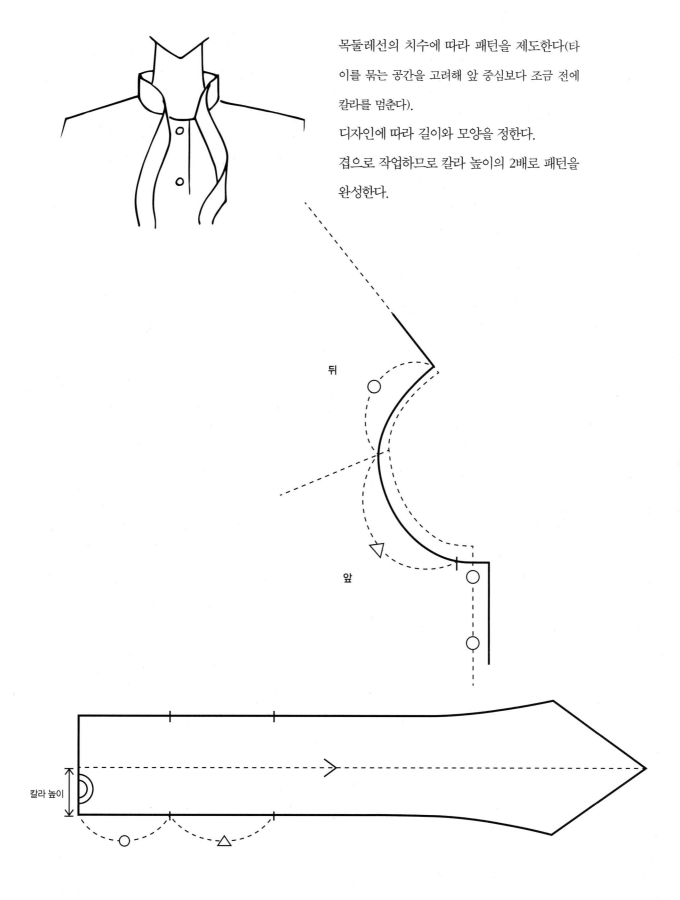

목둘레선의 치수에 따라 패턴을 제도한다(타
이를 묶는 공간을 고려해 앞 중심보다 조금 전에
칼라를 멈춘다).
디자인에 따라 길이와 모양을 정한다.
겹으로 작업하므로 칼라 높이의 2배로 패턴을
완성한다.

뒤

앞

칼라 높이

목에 붙는 형 모델 1 차이나 칼라

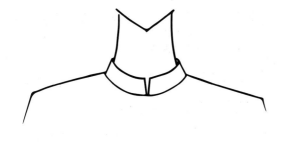

1단계 목둘레 치수에 따라 일자형 스탠드 칼라를 제도한다(p. 204 참조).

2단계 아래 목둘레선보다 가는 위 목둘레선의 위치에서 목둘레 길이를 측정한다.

아래 목둘레선과 차이가 나는 치수만큼 패턴에서 줄여준다. 각진 부분이 없도록 보정한다.

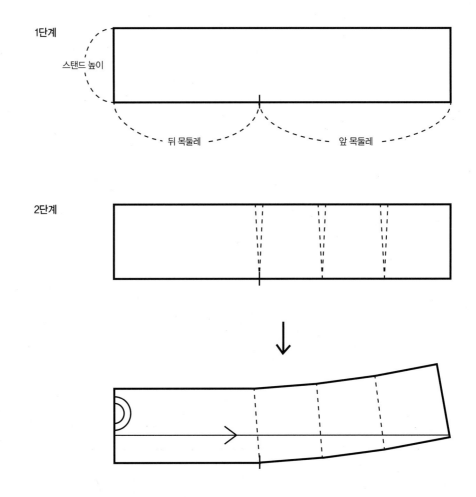

목에 붙는 형 모델 2 여밈이 있는 밴드 칼라

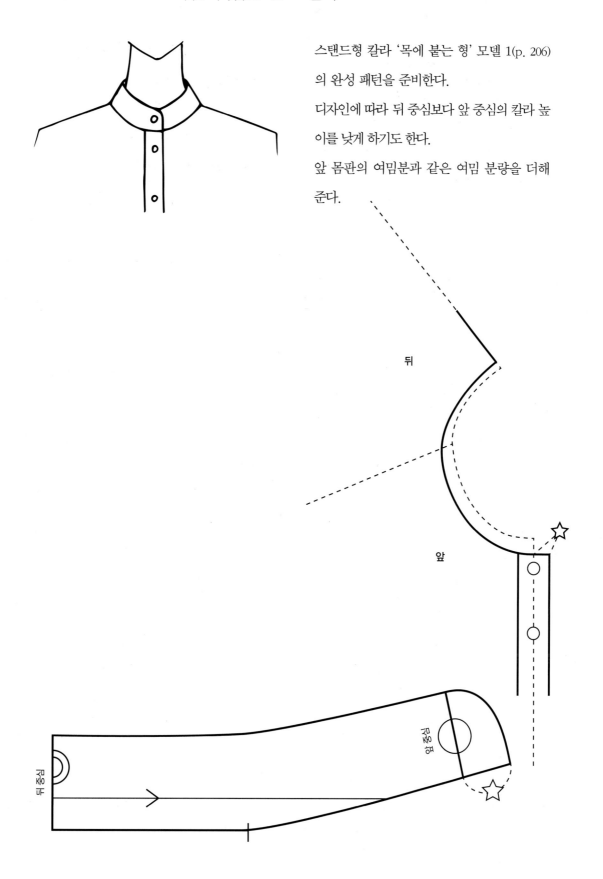

스탠드형 칼라 '목에 붙는 형' 모델 1(p. 206)
의 완성 패턴을 준비한다.

디자인에 따라 뒤 중심보다 앞 중심의 칼라 높
이를 낮게 하기도 한다.

앞 몸판의 여밈분과 같은 여밈 분량을 더해
준다.

목에서 벌어지는 형 모델 1 윙 칼라

1단계 스탠드형 칼라 '일자형'을 제도한다.

일반적으로 칼라의 높이가 조금 높은 것이

특징이다.

2단계 목에서 벌어지게 하고 싶은 만큼 패턴

을 절개해 벌려준다.

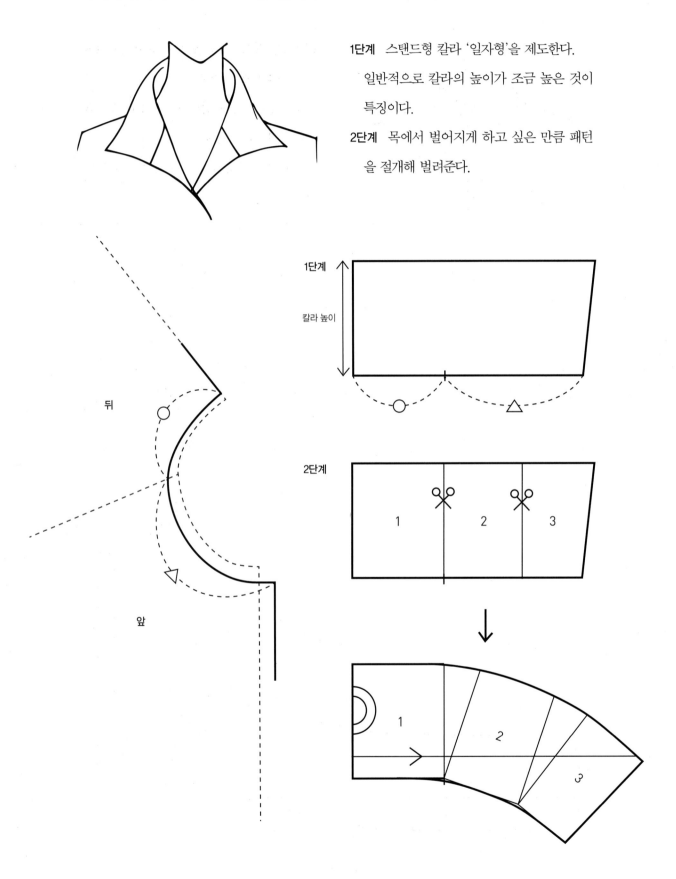

목에서 벌어지는 형 모델 2 후드

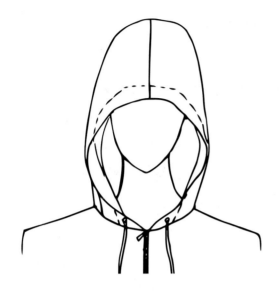

1단계 스탠드형 칼라 '목에서 벌어지는 형'을
제도한다(p. 208 참조).
칼라 높이는 후드 높이로 한다.

2단계 머리 모양에 맞게 둥근 형태로 패턴을
수정해 완성한다.

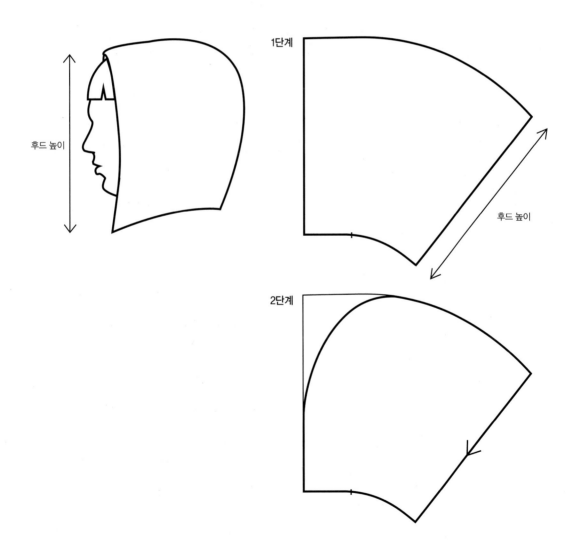

후드 높이

1단계

후드 높이

2단계

3 와이셔츠형 칼라

모델 1 와이셔츠 칼라

1단계 뒤 중심보다 앞 중심의 칼라 높이가 0.5cm 정도 낮은 여밈이 있는 밴드 칼라를 제도한다(p. 207 참조).

2단계 겉 칼라 제도: 밴드 칼라 위에 겉 칼라를 제도한다.

3단계 뒤 몸판에서 겉 칼라가 놓이는 위치의 길이를 측정한다.

뒤 목둘레 치수와 측정한 치수의 차이만큼 겉 칼라 가장자리선을 벌려주고 패턴을 완성한다.

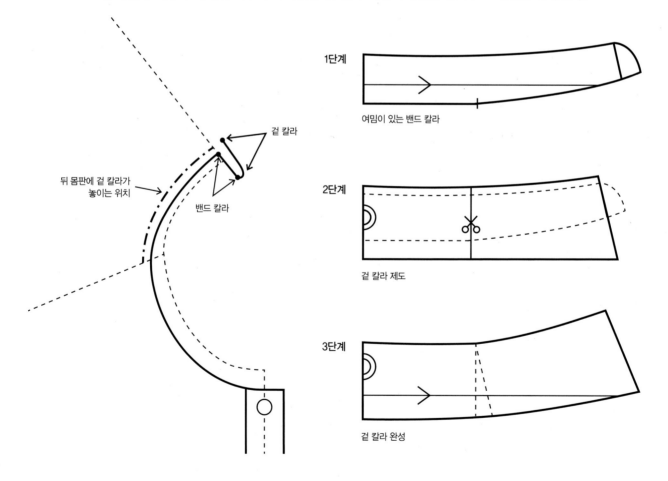

겉 칼라

뒤 몸판에 겉 칼라가 놓이는 위치

밴드 칼라

1단계

여밈이 있는 밴드 칼라

2단계

겉 칼라 제도

3단계

겉 칼라 완성

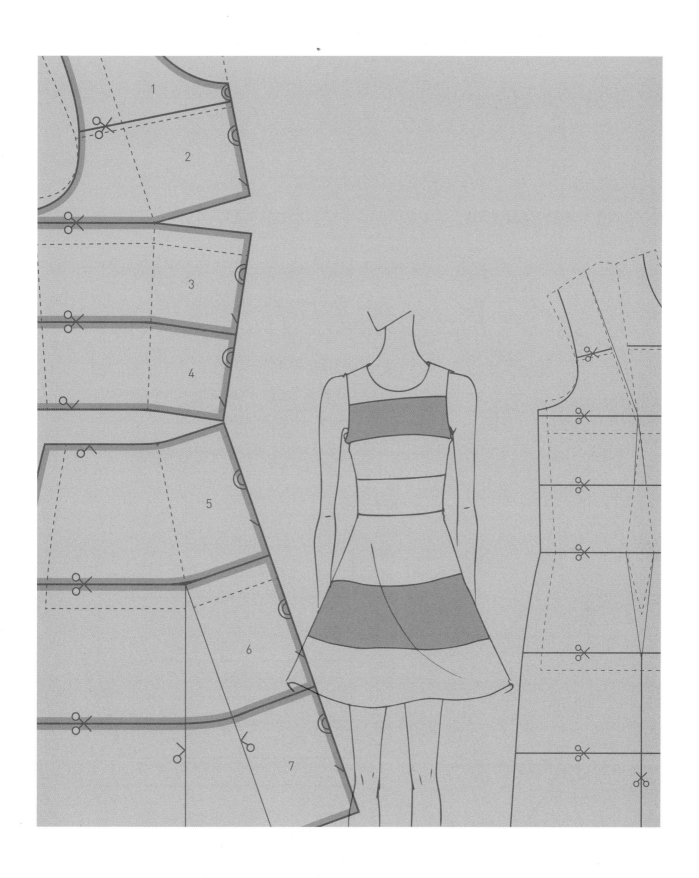

12주 칼라 2

4 셔츠형 칼라

모델 1 셔츠 칼라

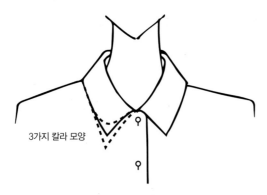

3가지 칼라 모양

1단계 목둘레 치수, 스탠드 높이, 칼라 너비를 정해 기본선을 제도한다.

2단계 접히는 선(일점쇄선)을 그리고 그 선을 기준으로 보이는 칼라의 모양을 그린다.

3단계 뒤 몸판에서 접히는 칼라가 놓이는 위치의 치수를 측정한다(p. 210 참조).

4단계 뒤 목둘레 치수와 측정한 치수의 차이만큼 칼라의 가장자리선을 벌려주고 패턴을 완성한다.

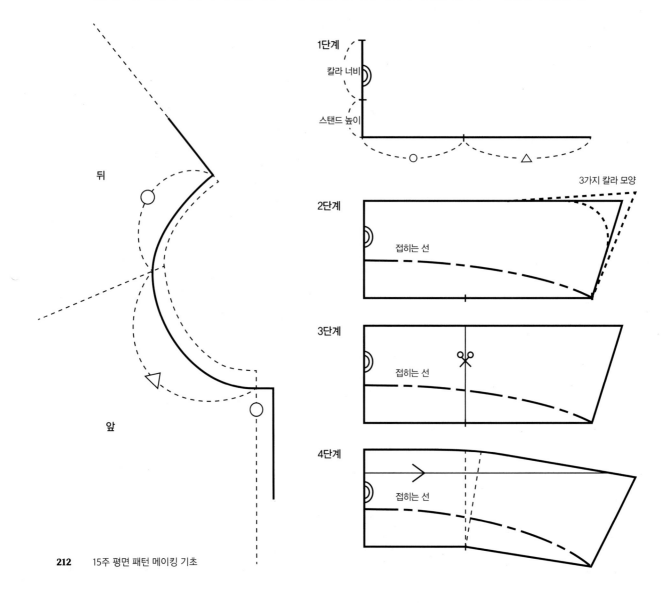

5 테일러드형 칼라

모델 1 테일러드 칼라

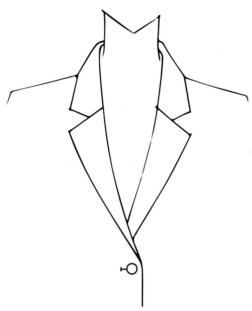

준비 9주 모델 7의 앞 몸판을 준비한다.

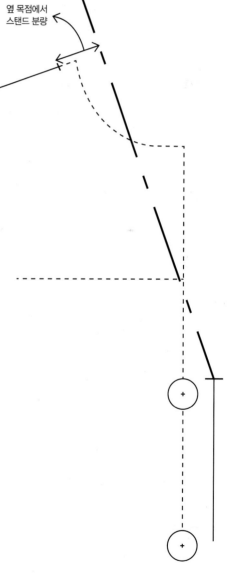

옆 목점에서
스탠드 분량

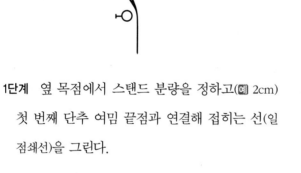

1단계 옆 목점에서 스탠드 분량을 정하고(예 2cm)
첫 번째 단추 여밈 끝점과 연결해 접히는 선(일
점쇄선)을 그린다.

2단계 앞 몸판에서 접히는 선을 기준으로 보이는 칼라와 라펠 모양을 그린다.

옆 목점에서 칼라가 목선을 덮도록 주의한다.

이 단계에서 피크드 칼라, 숄칼라, 둥근 칼라 등 다양하게 디자인을 바꿀 수 있다.

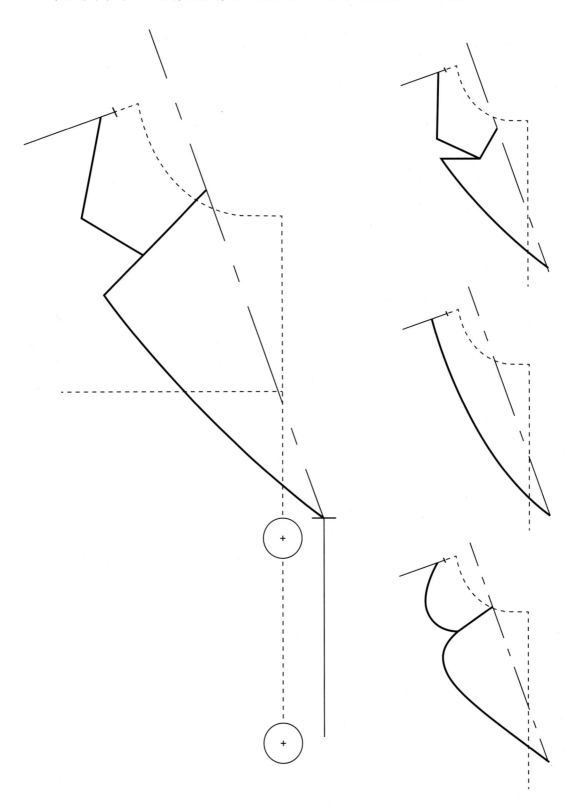

3단계 접힌 상태로 패턴을 그린 것이므로 펼친 상태가 되도록 접히는 선을 접고 룰렛을 이용해 반대쪽으로 칼라와 라펠 모양을 베껴낸다. 2단계에서 그린 칼라와 라펠 모양은 지운다.

4단계 몸판의 목둘레선 그리기: 옆 목점에서 접히는 선과 평행하게 앞 목선을 그린다(라펠 연장선과 만나는 곳까지).

3단계의 몸판 라펠선을 직선으로 연장한다(앞 목선과 만나는 곳까지).

앞 몸판이 완성된다.

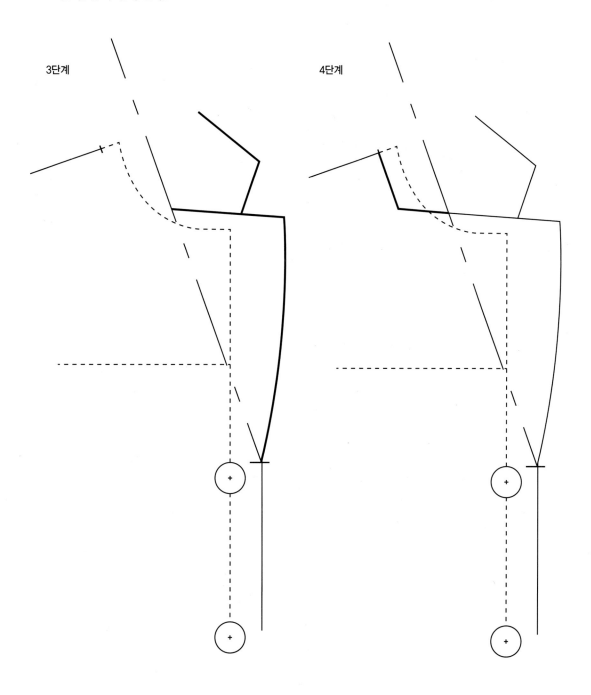

5단계   칼라 제도

옆 목점에서 몸판의 뒤 목둘레 치수에 따라 칼라 뒷부분을 제도한다.

직각자를 이용해 뒤 목둘레 치수, 스탠드 분량, 칼라 너비를 정한다.

(접히는 선의 아래쪽에 스탠드 분량, 위쪽에 칼라 너비를 정한다.)

6단계   뒤 중심선에서 직각으로 출발해 칼라 가장자리선을 그린다.

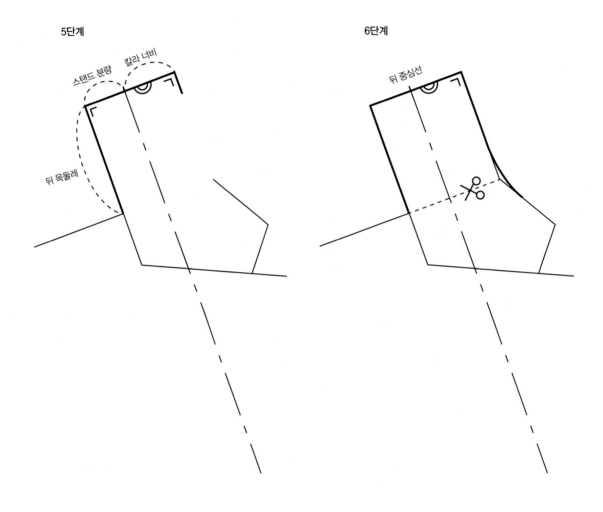

5단계

스탠드 분량   칼라 너비

뒤 목둘레

6단계

뒤 중심선

7단계 뒤 몸판에서 접힌 칼라가 놓이는 위치의 치수를 확인한다(p. 212 참조).

뒤 목둘레 치수와 측정한 치수의 차이만큼 칼라 가장자리선을 벌려주고 패턴을 완성한다.

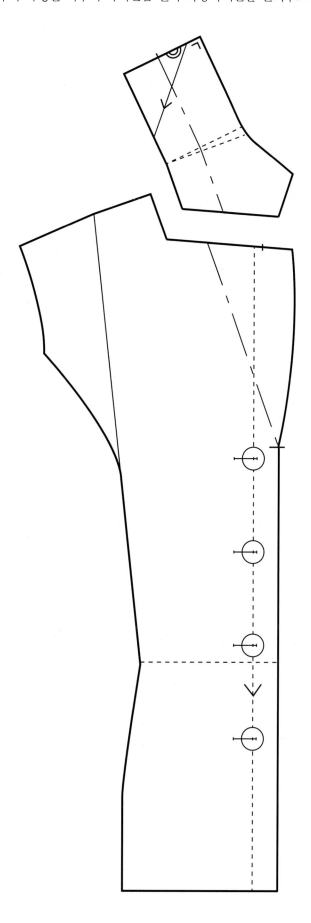

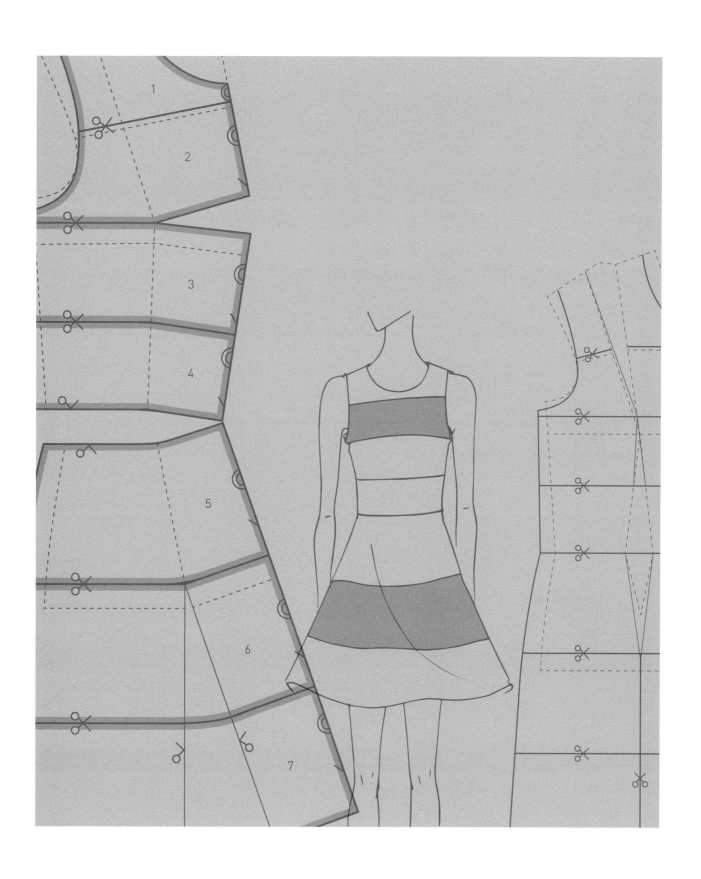

13주 소매 1

: 기본 소매 제도

소매는 크게 3가지로 분류한다.

1 1장 소매

디자인은 다양하지만 패턴이 1장으로 된 소매를 말한다.
예 밑단이 좁은 소매, 밑단에 개더나 주름이 들어간 소매, 퍼프소매, 양다리 소매 등

2 2장 소매

팔의 구부러진 형태에 맞추거나 몸판의 요크 부분과 소매를 연결한 형태를 일컫는다.
예 테일러드 소매, 래글런 소매 등

3 기모노 소매

몸판과 연결해 완성하는 형태를 말한다.
예 기모노 소매

소매 원형

제도에 필요한 치수

암홀 길이: 디자인에 따라 확장한 몸판의 암홀 치수를 측정한다.

암홀 깊이: 가슴선을 일직선으로 유지하면서 확장한 앞뒤 판 겨드랑이점을 연결한다. 디자인에 따라 확장한 앞뒤 판 어깨 끝점을 연결한 선의 이등분점에서 겨드랑이점까지 길이

소매산의 높이: 암홀 깊이의 5/6 치수

팔꿈치 길이: 어깨 끝점에서 팔꿈치까지 길이 **예** 34cm

소매 길이: 어깨 끝점에서 손목까지 길이 **예** 58cm

1단계 기본 틀 구성 ───────────────

소매통과 소매 길이에 따라 직사각형을 그린다.

AB = 소매통 = 총 암홀 길이의 3/4:
처리해야 할 이새 분량이
3~4cm 나오는 소매

= 총 암홀 길이의 7/10:
처리해야 할 이새 분량이
2cm 정도 나오는 소매

사용할 원단에 따라 봉제 시 감당할 수 있는 이새 정도를 감안해 소매통을 정한다.

AC, BD = 소매 길이 **예** 58cm

소매 중심선 EF : 소매통을 이등분하여 수직선을 그린다.

상완둘레선 GH : E점에서 소매산 치수만큼 내려서 수평선을 그린다.

소매산=EE1=5/6 암홀 깊이

팔꿈치선 IJ : E점에서 팔꿈치 길이(예 34cm) 치수만큼 내려서 수평선을 그린다.

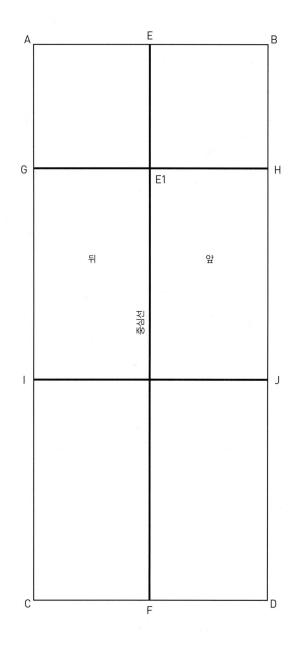

팔굽선 KL: AE의 이등분점에서 수직선을 그린다.

팔오금선 MN: BE의 이등분점에서 수직선을 그린다.

소매머리를 그리기 위한 안내선: O와 P점을 지나는 안내선을 그려둔다.

KO＝1/3 KK1

MP＝1/2 MM1

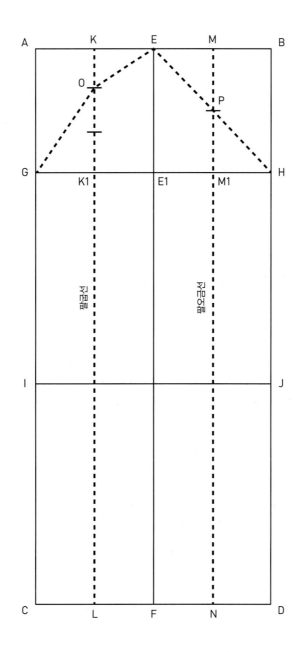

소매머리를 그리기 위한 안내점

소매머리선을 자연스러운 곡선으로 이어 그리는 데 도움을 주는 치수다.

O1: EO의 이등분점에서 약 1cm 직각으로 올라간 점

O2: GO의 이등분점에서 약 1cm 직각으로 들어간 점

P1: EP의 이등분점에서 약 2cm 직각으로 올라간 점

P2: HP의 이등분점에서 약 2cm 직각으로 들어간 점

소매머리 그리기

모든 안내점을 연결하는 곡선으로 소매머리를 완성한다.

안내점을 연결하려고 무리한 곡선을 그리기보다 안내점에서 1~2mm의 오차가 있더라도 하나의 자연스러운 곡선으로 소매머리를 그리는 것이 중요하다.

* 팔오금선과 팔굽선을 접어 G점과 H점을 맞춘 후 암홀의 모양을 확인한다.

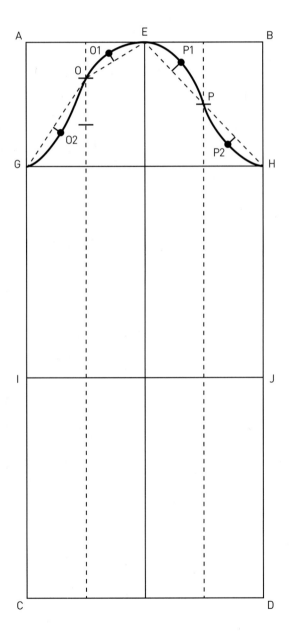

접합점 표시

• 몸판과 연결되는 접합점을 표시한다.

＊앞 암홀의 접합점 표시: H점에서 출발해 7.5cm와 8.5cm 위치

＊뒤 암홀의 접합점 표시: G점에서 출발해 8.5cm 위치

몸판의 치수보다 0.5cm 정도 길게 한 것은 봉제할 때 아랫부분 소매의 시접 길이가 짧아서 당기는 것을 보완해 소매가 편안하게 달리도록 하기 위해서다.

＊어깨점과 연결되는 접합점 표시:

G점에서 출발해 몸판의 뒤 암홀 치수가 되는 곳을 찾아놓는다.

H점에서 출발해 몸판의 앞 암홀 치수가 되는 곳을 찾아놓는다.

찾아놓은 두 점 사이의 이등분점을 몸판의 어깨점과 연결되는 접합점으로 표시한다.

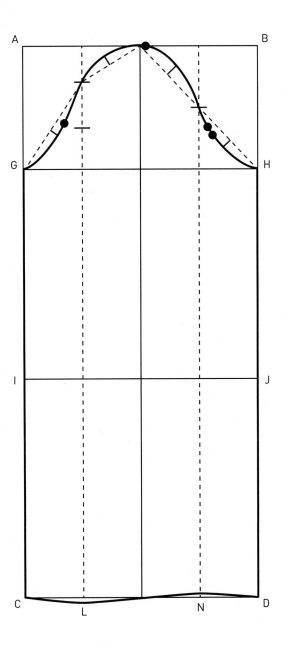

소매 밑단 그리기

L점에서 1cm 정도 내린 점, N점에서 0.5cm 정도 올린 점을 지나는 곡선으로 소매 밑단선을 완성한다. 팔을 구부리는 동작이 많은 점을 감안한 것으로 필요에 따라 조절한다.

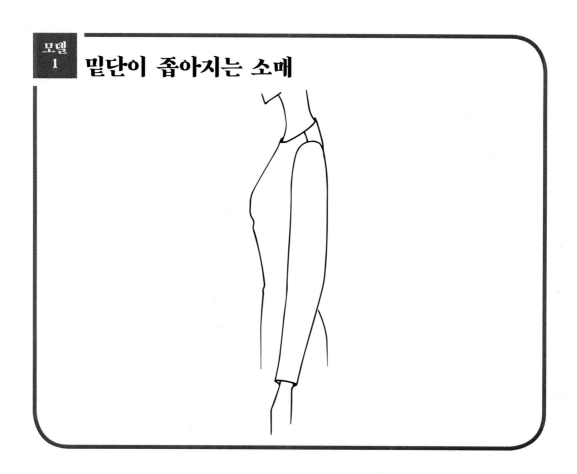

모델 1 **밑단이 좁아지는 소매**

1단계

1 확장한 몸판의 암홀 치수에 따라 소매 원형을 제도한다.

2 줄이고 싶은 밑단의 치수를 정한다.

양 옆선 밑단에서 각각 2~3cm를 줄여준다. 옆선에서 한꺼번에 많은 양을 줄이면 소매가 틀어
지기 때문이다.

나머지 줄일 치수를 팔굽선 밑단 양쪽에 나누어 다트를 만든다.

3 다트가 잘 보이지 않도록 뒤판 팔꿈치선으로 이동할 위치를 정하고 자른다.

다트를 다시 그리고 접은 후 룰렛을 이용해 다트 머리 부분을 완성한다.

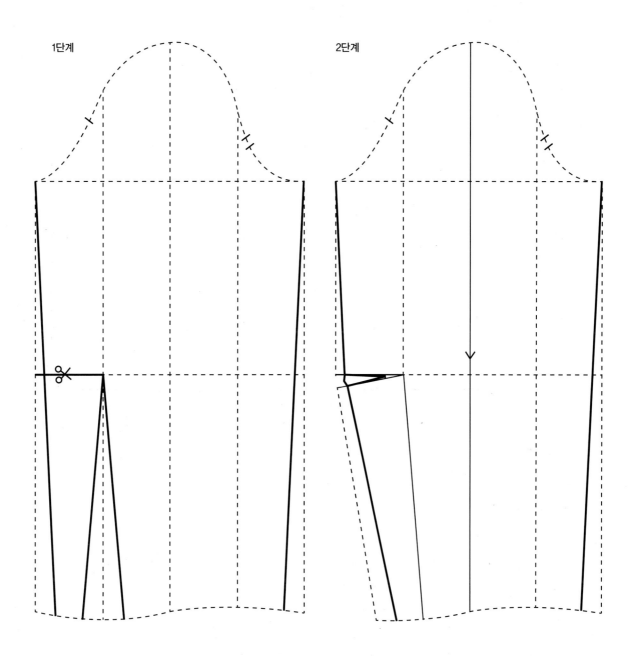

1단계

2단계

모델 2 밑단이 넓어지는 소매

1단계 ─────────────────────────────

확장한 몸판의 암홀 치수에 따라 소매 원형을 제도한다.

볼륨을 줄 위치를 정하고 자른다.

2단계 ─────────────────────────────

원하는 볼륨에 따라 패턴을 벌려주고, 늘어지는 소매를 위해 길이도 더해준다.

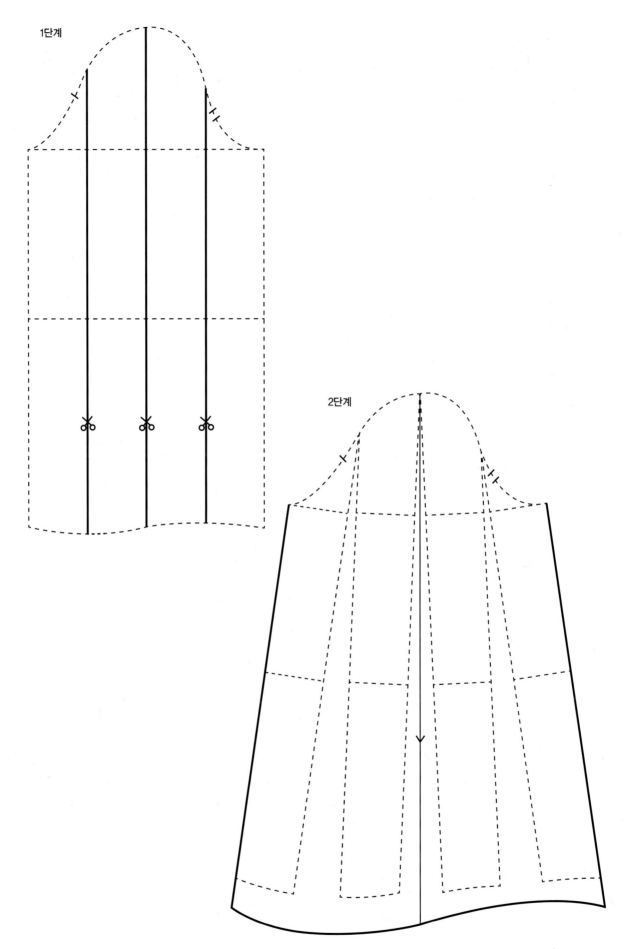

1단계

2단계

밑단 퍼프 소매

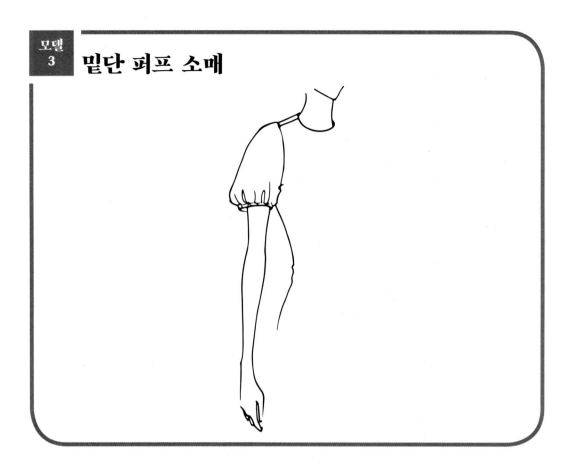

1단계 ───────────

확장한 몸판의 암홀 치수에 따라 소매 원형을 제도한다.

볼륨을 줄 위치를 정하고 자른다.

2단계 ───────────

원하는 볼륨에 따라 패턴을 벌려주고, 퍼프가 될 길이도 더해준다.

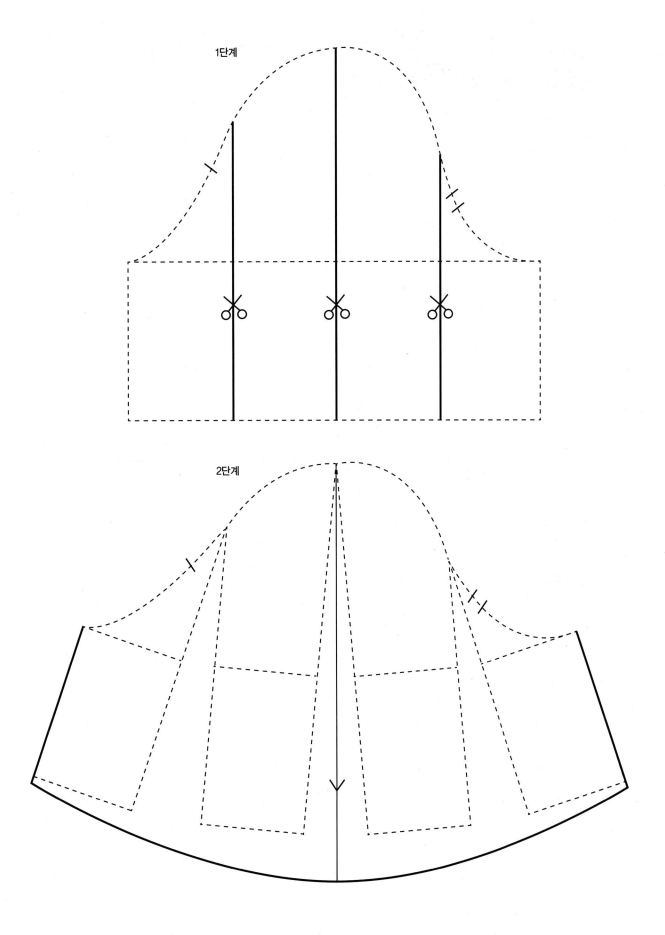

1단계

2단계

어깨 퍼프 소매(소매통 좁음)

모델 4

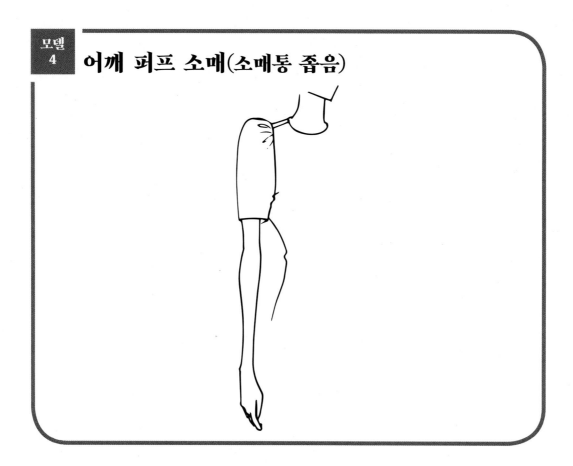

1단계

확장한 몸판의 암홀 치수에 따라 소매 원형을 제도한다.

볼륨을 줄 위치를 정하고 자른다.

소매통이 너무 넓어지지 않게 윗부분에만 퍼프를 주기 위한 절개 방법이다.

2단계

원하는 볼륨에 따라 패턴을 벌려주고 소매를 완성한다.

1단계

2단계

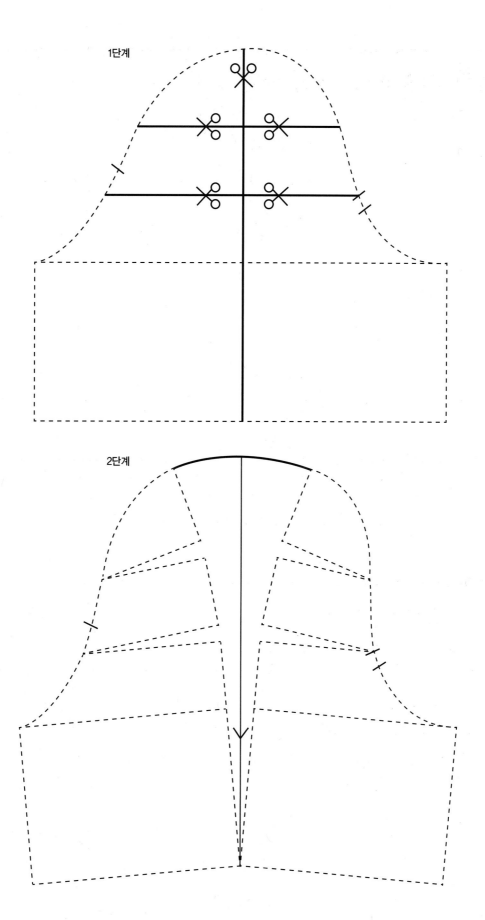

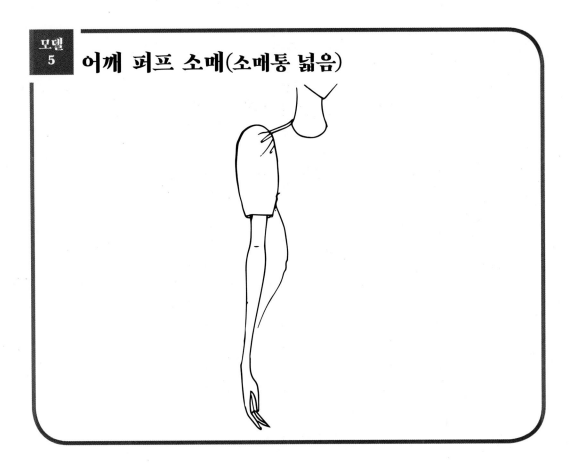

모델 5 **어깨 퍼프 소매(소매통 넓음)**

1단계 ─────────────────────────

확장한 몸판의 암홀 치수에 따라 소매 원형을 제도한다.

볼륨을 줄 위치를 정하고 자른다.

2단계 ─────────────────────────

원하는 볼륨에 따라 패턴을 벌려주고 소매를 완성한다.

1단계

2단계

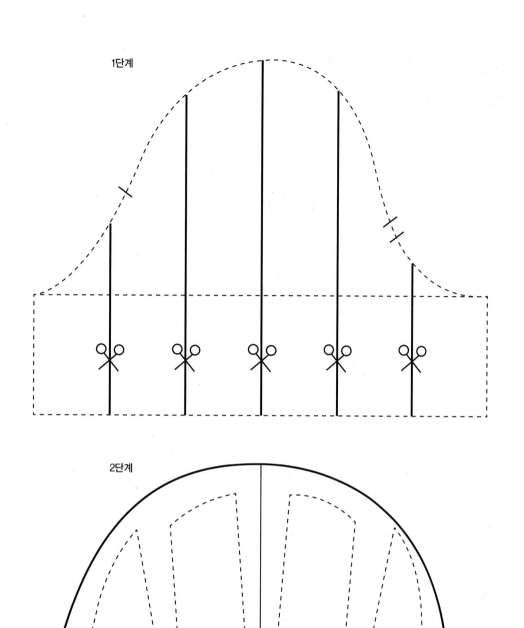

모델 6 어깨와 밑단 퍼프 소매

1단계 ────────────────────────────

확장한 몸판의 암홀 치수에 따라 소매 원형을 제도한다.

볼륨을 줄 위치를 정하고 자른다.

2단계 ────────────────────────────

소매의 위아래에 모두 개더를 잡았으므로 윗부분과 아랫부분을 모두 벌려준다. 아랫부분에 개더
분량이 조금 더 많길 원하는 경우 아랫부분을 더 많이 벌려준다.

1단계

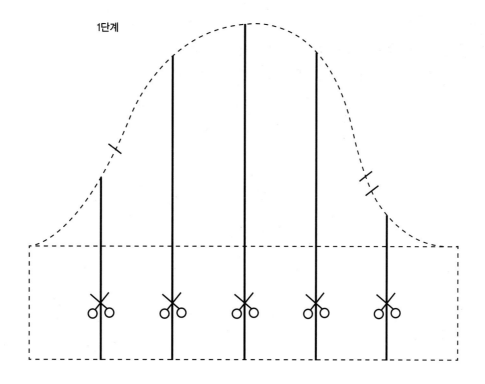

2단계

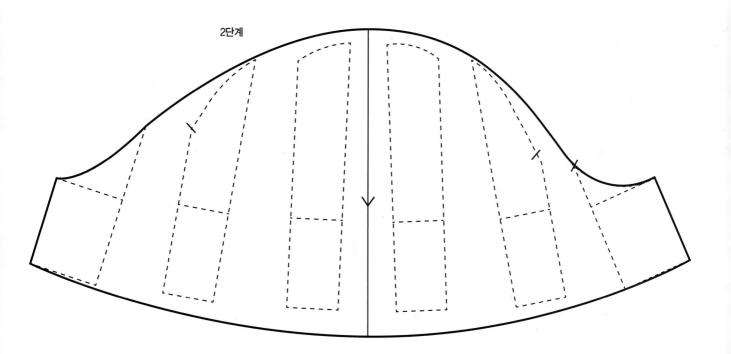

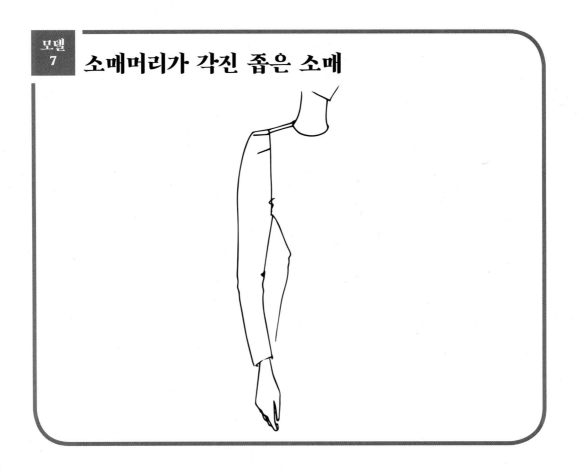

| 모델 7 | **소매머리가 각진 좁은 소매** |

확장한 몸판의 암홀 치수에 따라 모델 1을 참조해 밑단이 좁은 소매를 제도한다(pp. 226~227).

원하는 다트의 길이만큼 소매머리선을 올려서 그린다.

확장한 몸판의 암홀 치수와 다시 그린 소매머리선의 치수 차이를 확인한다.

차이 나는 치수를 원하는 개수의 다트로 분산해 그린다.

새로 그린 다트를 접고 소매머리를 다시 그린 다음 룰렛으로 정리해 완성한다.

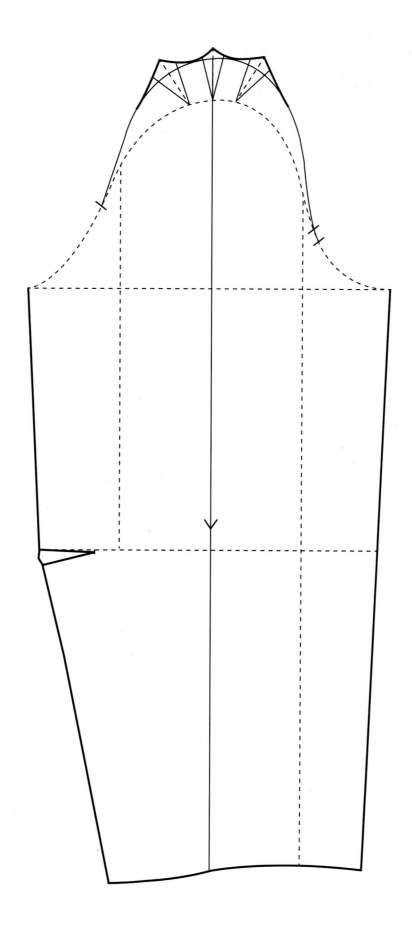

양다리 소매

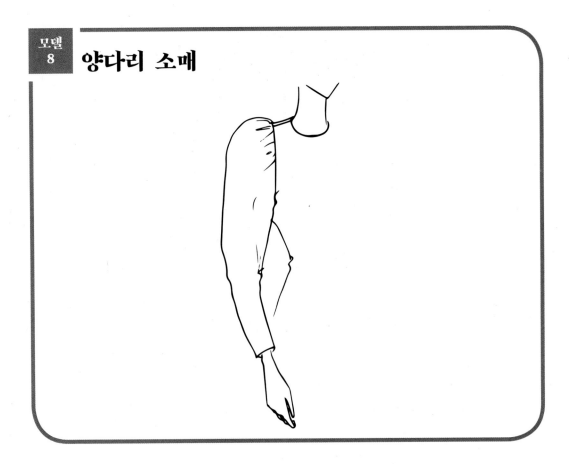

1단계

확장한 몸판의 암홀 치수에 따라 모델 1을 참조해 밑단이 좁은 소매를 제도한다(pp. 226~227).
볼륨을 줄 위치를 정하고 자른다.

2단계

원하는 볼륨에 따라 패턴을 벌려주고 소매를 완성한다.

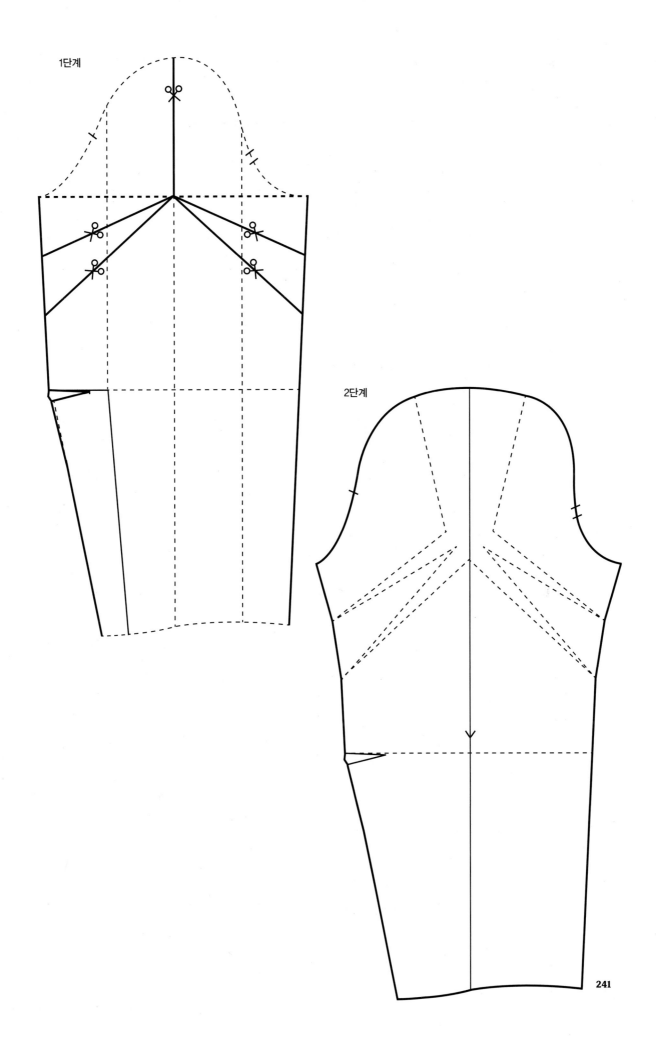

1단계

2단계

241

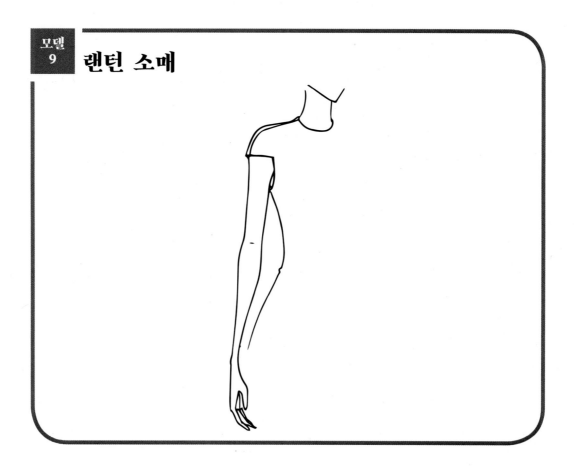

모델 9 랜턴 소매

몸판에 연결해 소매를 제도한다.

- 원하는 소매의 넓이를 정한다.
- 1/2 넓이만큼 앞뒤 판에 붙여서 제도한다.

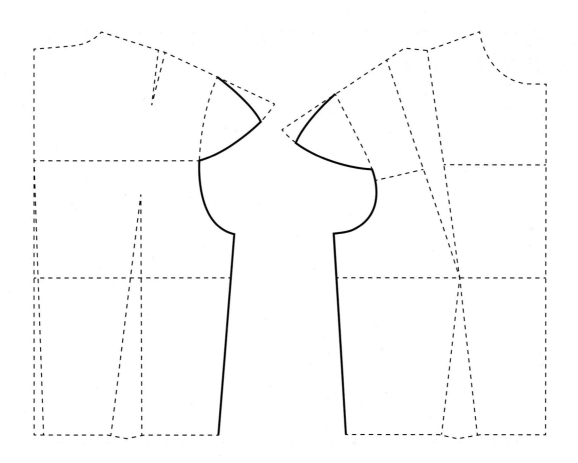

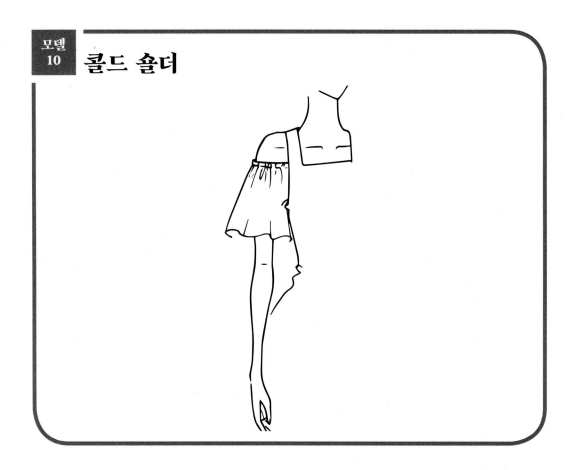

모델 10 콜드 숄더

1단계

확장한 몸판의 암홀 치수에 따라 소매 원형을 제도한다.

소매와 연결되는 몸판 암홀의 위치를 소매 암홀에서 찾아 소매 모양을 그린다.

개더 분량을 추가할 절개선의 위치를 정한다.

2단계

원하는 볼륨에 따라 패턴을 벌려주고 소매를 완성한다.

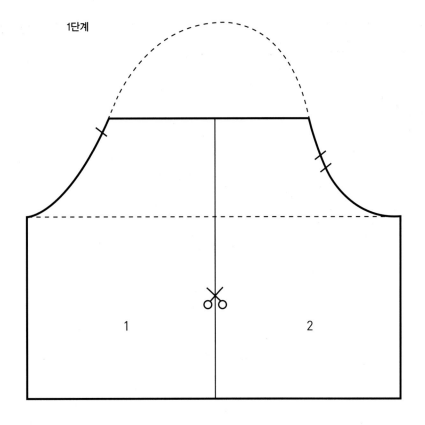

1단계

1   2

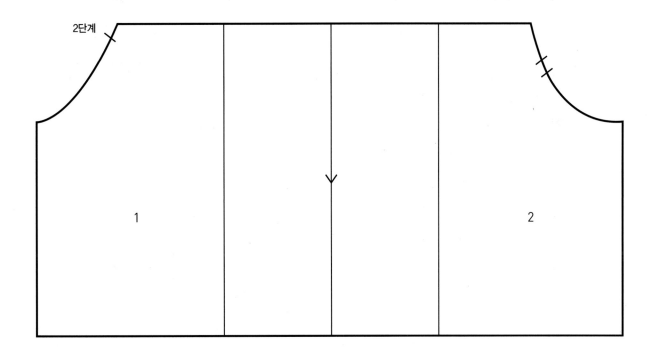

2단계

1   2

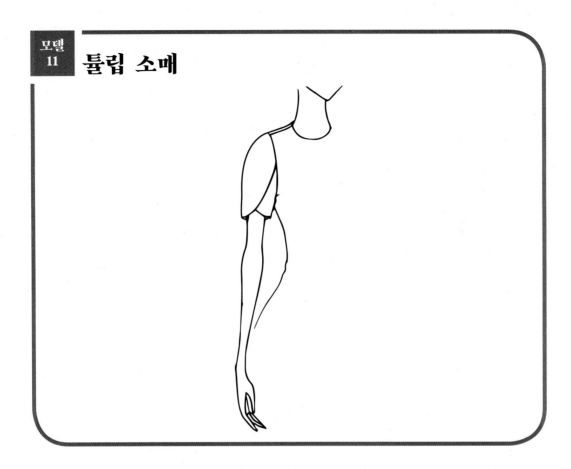

모델 11 튤립 소매

1단계 ―――――――――――――――――――――――――

확장한 몸판의 암홀 치수에 따라 소매 원형을 제도한다.

디자인에 따라 소매 모양을 그린다.

2단계 ―――――――――――――――――――――――――

겹친 부분을 따로 베껴낸다. 1장으로 하고 싶은 경우 연결해서 작업해도 된다.

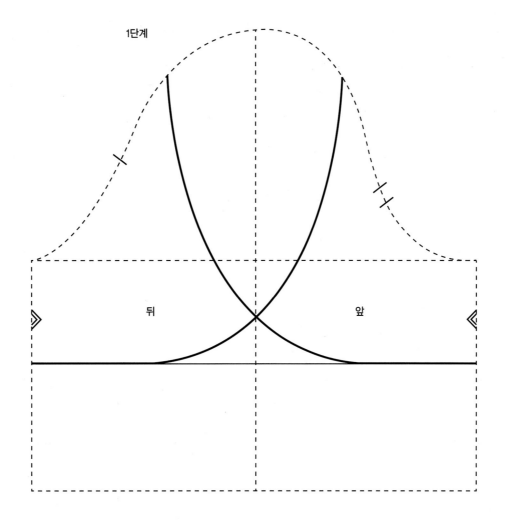

1단계

뒤

앞

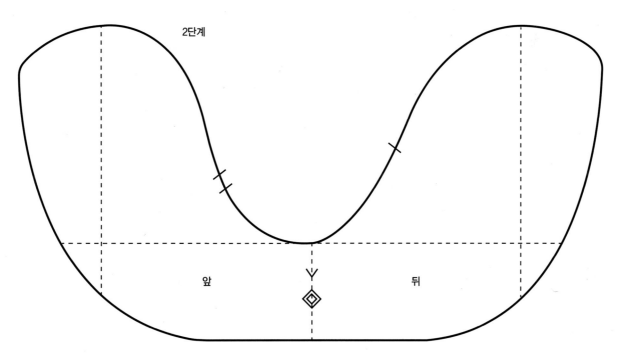

2단계

앞

뒤

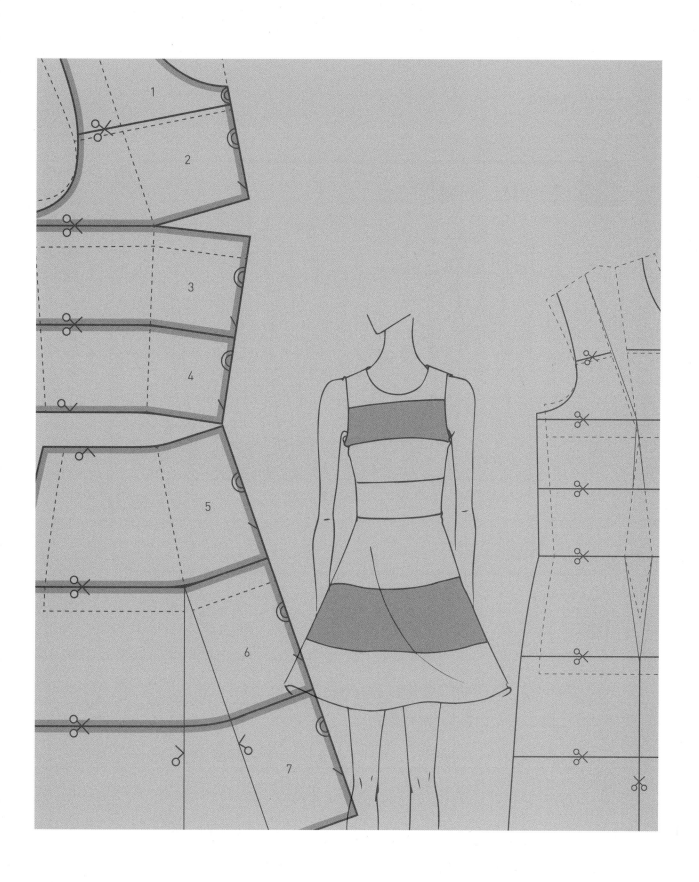

14주 소매 2

2 2장 소매

모델 1 **테일러드 소매**

1단계

확장한 몸판의 암홀 치수에 따라 소매 원형을 제도한다.

겉소매와 안소매로 나눌 절개선의 위치를 정한다.

2단계

앞판 절개선은 팔을 오그리는 부분이므로 줄이고 싶은 분량만큼 팔꿈치선에서 줄여준다.

원하는 소매통을 정하고, 뒤판 절개선의 밑단에서 양쪽으로 줄여준다.

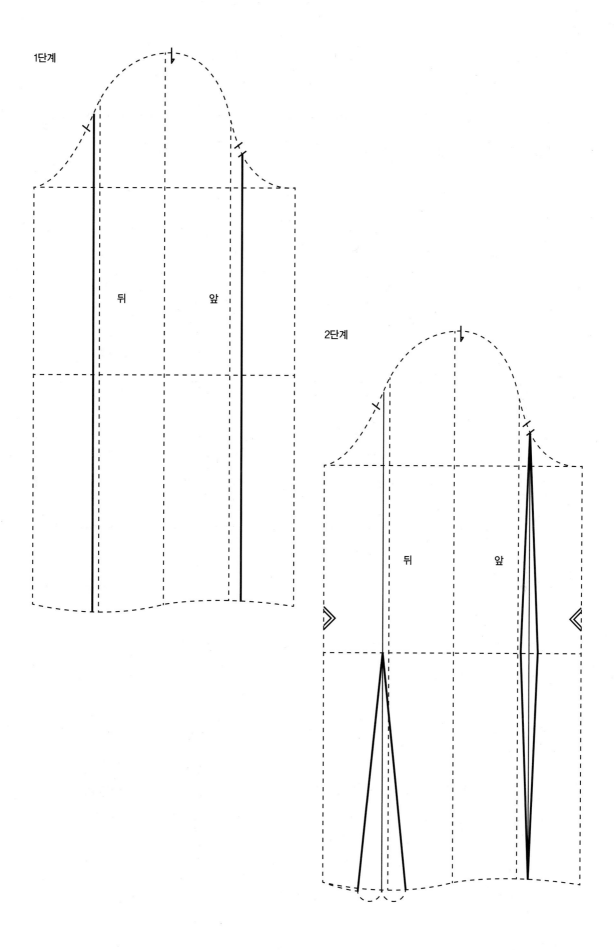

1단계

뒤　　　앞

2단계

뒤　　　앞

소매가 부드러운 곡선을 이루도록 위 팔뚝 부분을 곡선으로 그려준다.

진한 실선으로 표시한 것이 겉소매, 일점쇄선으로 표시한 것이 안소매이다.

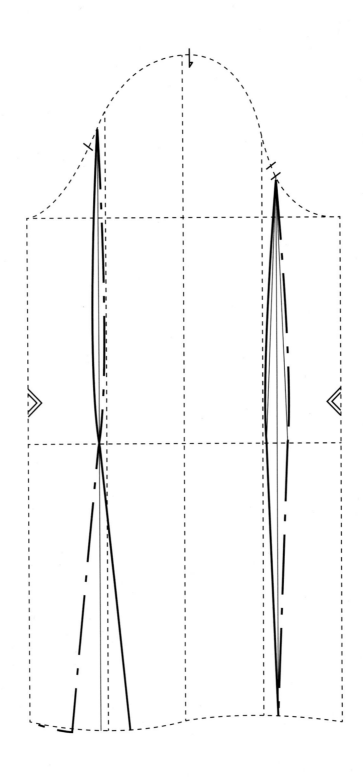

겉소매와 안소매를 분리해 완성한다.

안소매는 1장으로 붙여서 작업한다.

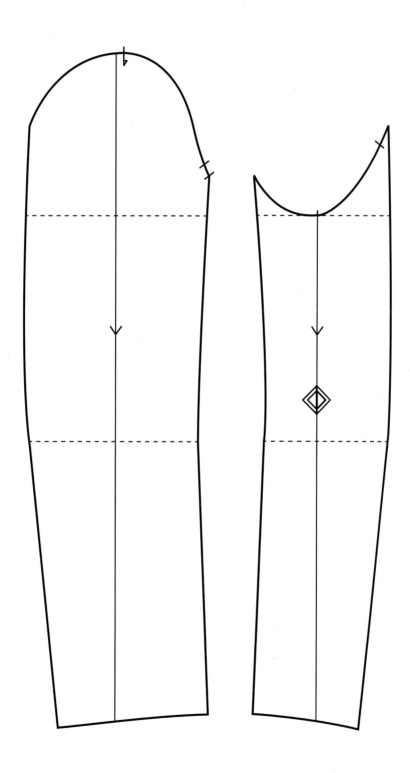

래글런 소매

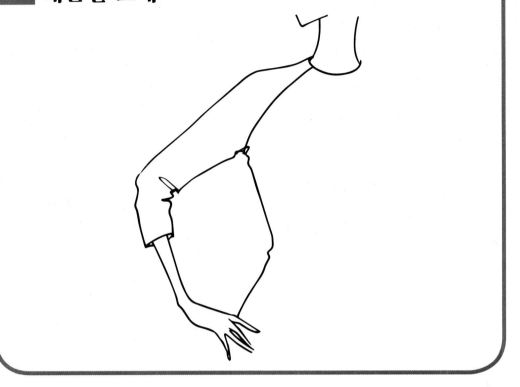

1단계

뒤판 어깨 다트를 접어서 달고 뒤판 래글런선을 그린다. 앞판 어깨 다트를 접어서 달고 앞판 래글런선을 그린다.

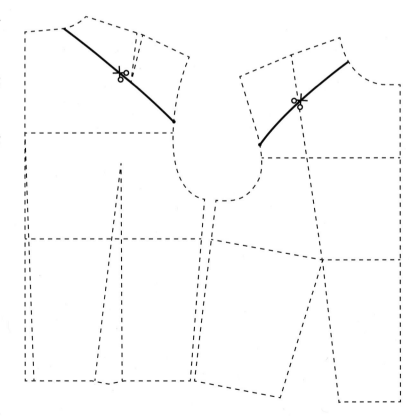

몸판 암홀 치수에 따라 소매 원형을
제도한다.

잘라낸 몸판을 소매에 연결한다.

소매와 연결할 때 몸판에서 래글런선
까지 암홀 치수를 측정하고 소매에서
위치를 찾아 연결한다.

이때 앞뒤 몸판 어깨 끝점의 높이가
같도록 해야 한다.

자연스러운 곡선으로 어깨선을 마무
리한다.

앞뒤 판 소매 2장을 분리해 베껴낸다.

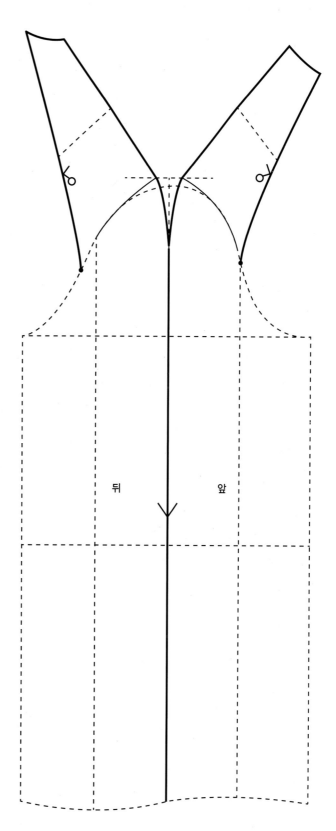

뒤   앞

3 기모노 소매

모델 1 **넓은 기모노 소매**

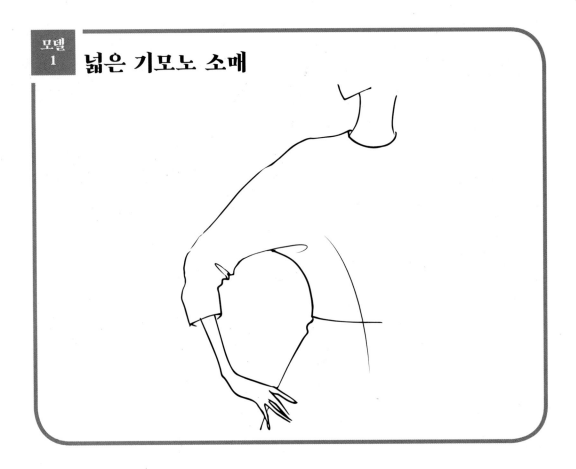

다트 없는 상의 원형을 준비한다. 앞뒤 판을 동시에 작업한다.

뒤 몸판 어깨선을 연장해 소매 길이를 정한다.

뒤판 소매선과 평행하게 앞판 소매 길이를 정한다.

원하는 옷 길이를 그린다. 앞판에는 앞처짐 분량을 더해준다.

원하는 소매통을 정하고 옆선과 연결해 완성한다.

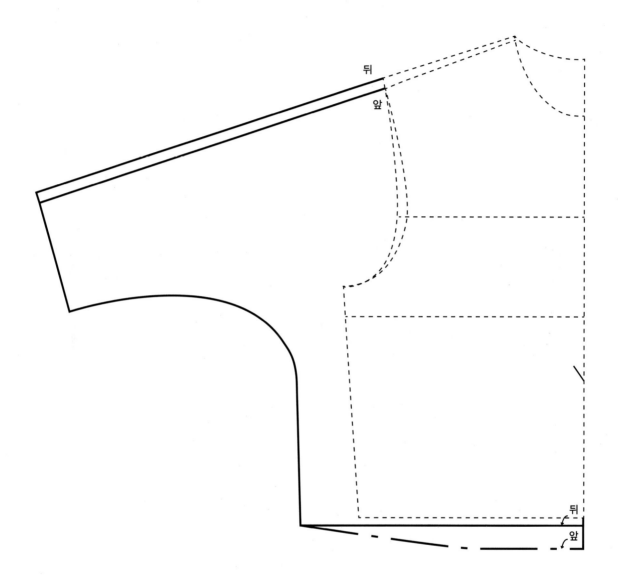

뒤
앞
뒤
앞

<table>
<tr><td>모델
2</td><td>무릎 덧댄 기모노 소매</td></tr>
</table>

다트 없는 상의 원형을 준비한다. 앞뒤 판을 동시에 작업한다.

소매의 기울기를 정하고 뒤 몸판 어깨선을 연장해 소매 길이를 정한다.

뒤판 소매선과 평행하게 앞판 소매 길이를 정한다.

원하는 옷 길이를 그린다. 앞판에는 앞처짐 분량을 더해준다.

원하는 소매통을 정하고 옆선과 연결해 완성한다.

무의 위치를 표시하고 길이를 측정한다.

측정한 길이에 따라 무를 제도한다.

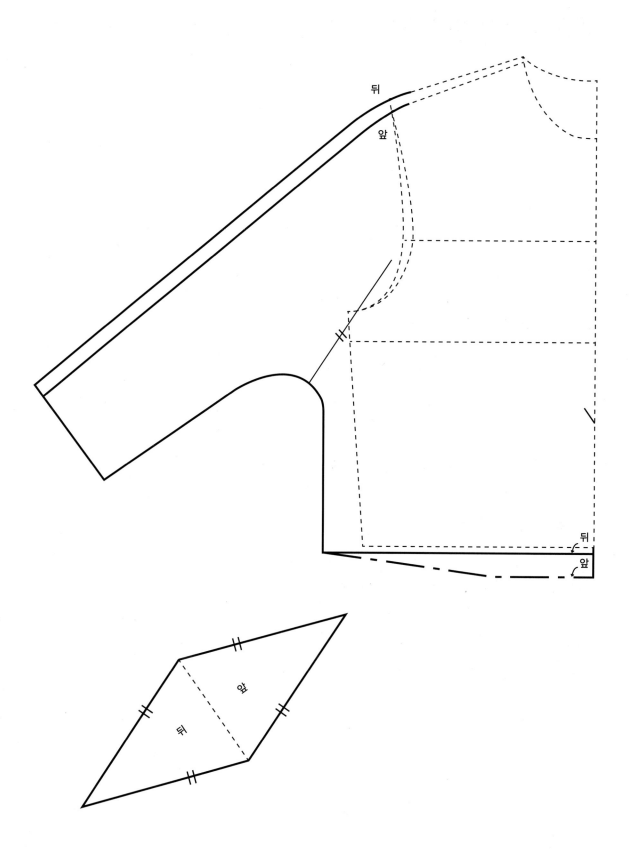

뒤

앞

뒤
앞

앞
뒤

모델 3 무가 포함된 절개선 기모노 소매

다트 없는 상의 원형을 준비한다. 앞뒤 판을 동시에 작업한다.

소매의 기울기를 정하고 뒤 몸판 어깨선을 연장해 소매 길이를 정한다.

뒤판 소매선과 평행하게 앞판 소매 길이를 정한다.

원하는 옷 길이를 그린다. 앞판에는 앞처짐 분량을 더해준다.

원하는 소매통을 정하고 옆선과 연결해 완성한다.

무의 위치를 정하고 몸판과 소매에 절개선을 그린다.

무를 포함해 몸판 옆판을 베껴낸다(일점쇄선).

무를 포함해 소매 옆판을 베껴낸다(진한 점선).

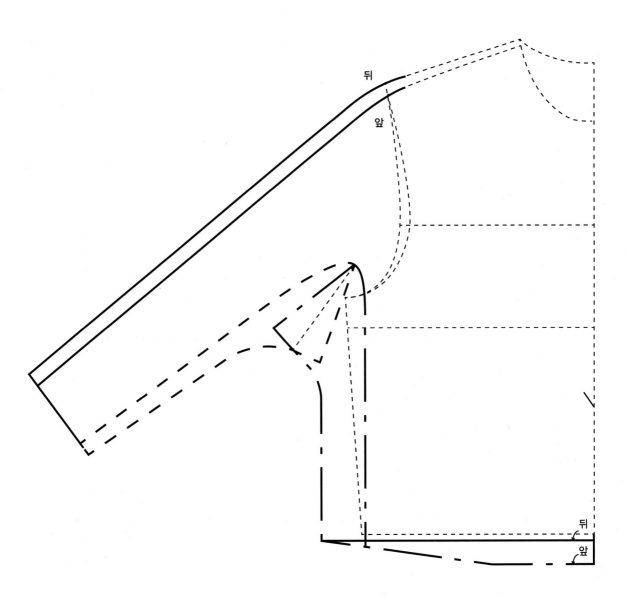

뒤

앞

뒤

앞

15주 창작 디자인 패턴 실습

컬렉션 잡지 등에서 디자인을 선정하거나 스스로 디자인한 창작 작품을 축소한 원형을 이용해 연습해본다. 여기서 제시한 원형들은 전체적으로 일정한 축소율을 적용하지 않고 지면을 최대한 사용해 작업했다.

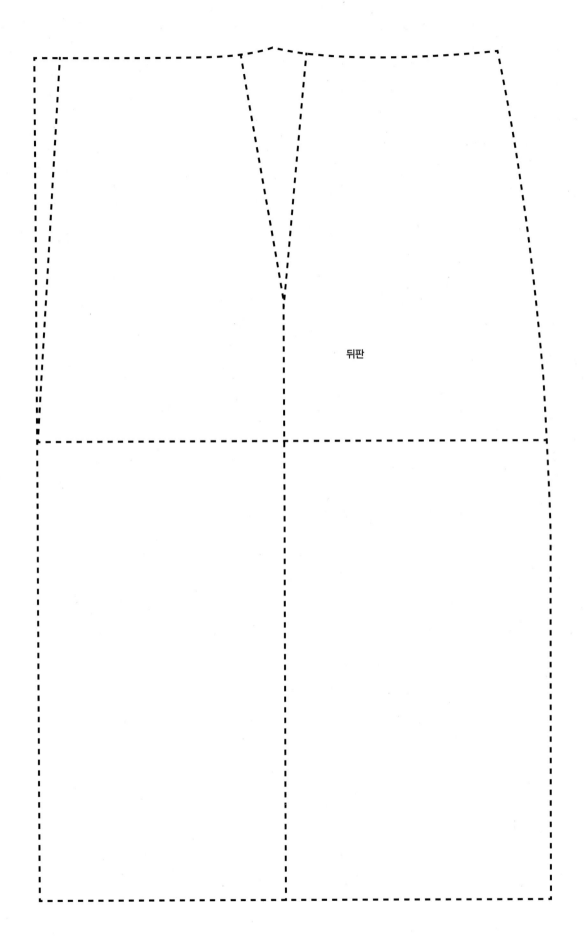

뒤판

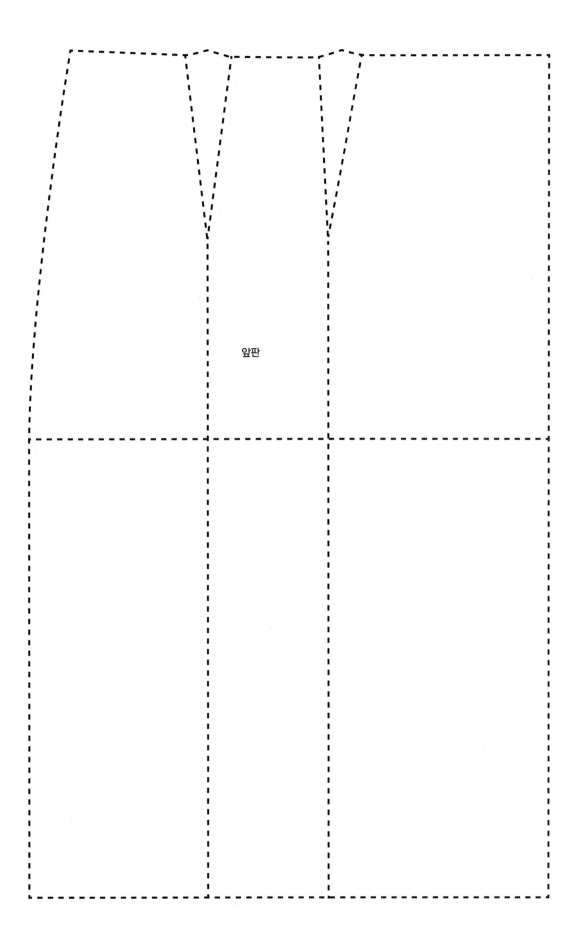

앞판

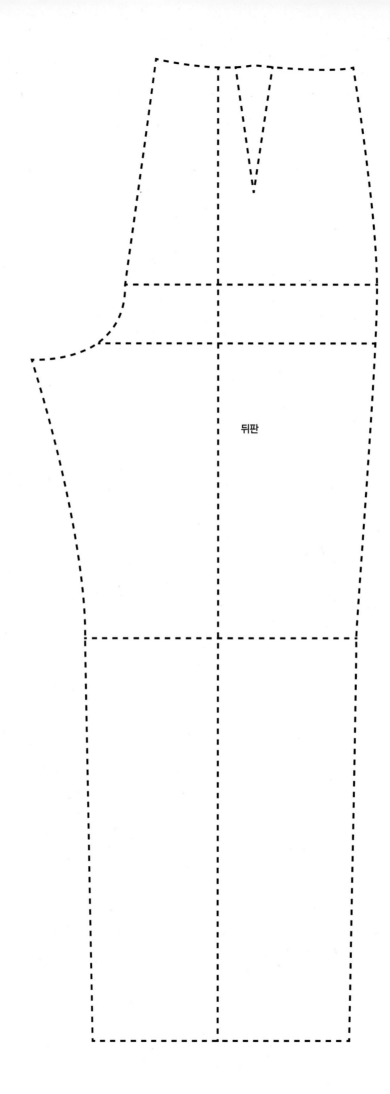

뒤판

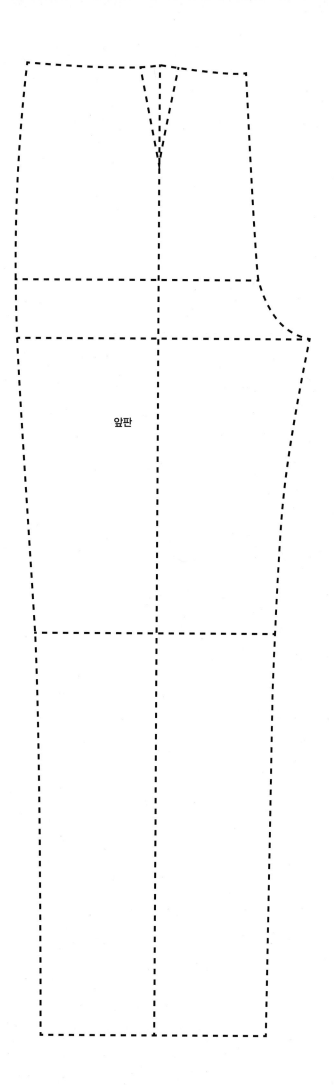

앞판

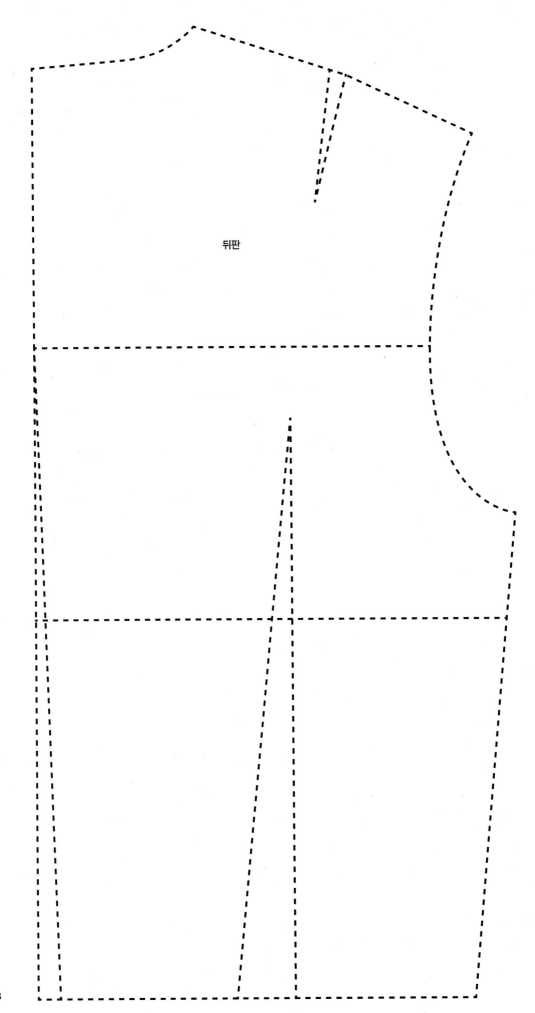

뒤판

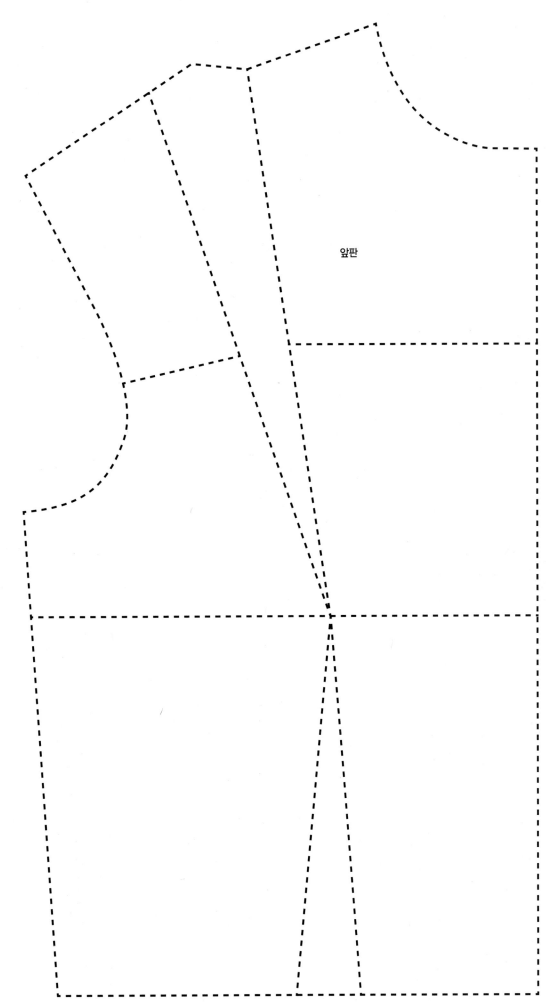

앞판

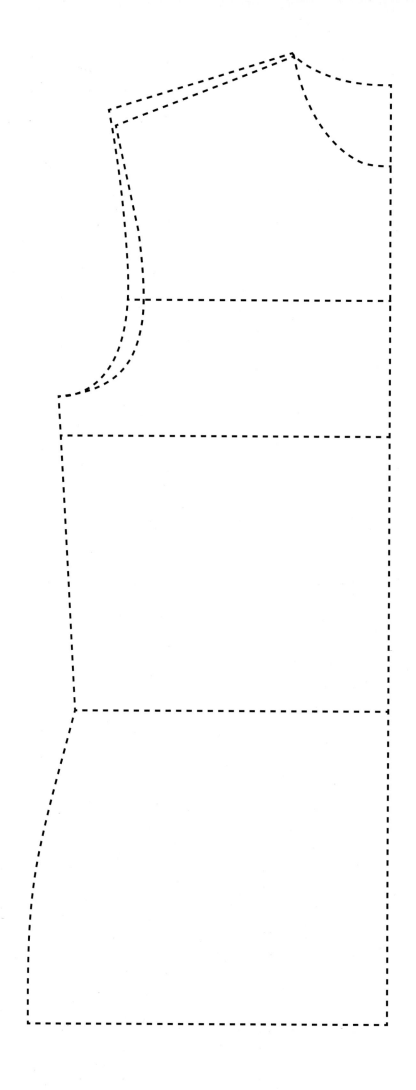